性格好命就好

孙颢 / 编著

中国华侨出版社

图书在版编目（CIP）数据

性格好命就好/孙颢编著．—北京：中国华侨出版社，2011.3
ISBN 978-7-5113-1247-1

Ⅰ.①性… Ⅱ.①孙… Ⅲ.①性格—通俗读物
Ⅳ.①B848.6-49

中国版本图书馆 CIP 数据核字（2011）第 022107 号

● 性格好命就好

编　　著	/孙　颢
责任编辑	/尹　影
经　　销	/新华书店
开　　本	/710×1000 毫米　1/16　印张 15　字数 200 千字
印　　数	/5001-10000
印　　刷	/北京一鑫印务有限责任公司
版　　次	/2013 年 5 月第 2 版　2018 年 3 月第 2 次印刷
书　　号	/ISBN 978-7-5113-1247-1
定　　价	/29.80 元

中国华侨出版社　北京市朝阳区静安里 26 号通成达大厦 3 层　邮编 100028
法律顾问：陈鹰律师事务所
编辑部：(010) 64443056　64443979
发行部：(010) 64443051　传真：64439708
网　址：www.oveaschin.com
e-mail：oveaschin@sina.com

前　言

　　世界著名潜能学大师安东尼·罗宾曾说："影响我们人生的决不是环境，也不是遭遇，而是我们的性格。"性格好，命就好。这是亘古不变的道理。无论放到哪个年代，无论考察多少人的人生轨迹，都可以清晰地看到性格对人生命运的决定意义。

　　我们可以毫不夸张地说，性格不但决定着一个人的成败得失，还决定着一个人的前途命运——优良的性格让人无论是在顺境还是在逆境中，都能坦然积极地面对，并且不懈努力，取得成功；不良的性格会让人走弯路，受尽挫折，甚至在关键时刻毁掉一个人的一生，造成悲剧性的结局。

　　世界上有很大一部分人都在从事着与自己性格不相符的工作，尽管他们勤勤恳恳、兢兢业业，但是平庸依然伴随其左右，他们仍然与成功无缘。难道这是命中注定的吗？不是，这都是自己的性格在作怪。解决的方法唯有一个，那就是：想要主宰自己的世界与人生，首先就要主宰自己的性格。

　　性格是可以改变的。改变性格常常是从改变习惯开始，改变习惯常常是从改变观念开始，改变观念常常是从改变环境开始。性格的形成是多种因素组合的结果，所以要想改变性格也必须从分析各种影响性格的因素开始。

人的每一种性格类型都有它的优缺点，我们每一个人都应该充分了解自己和他人性格的优势和弱势，努力做到扬长避短和取长补短。

本书从性格定义、性格类型、性格对人的前途命运的影响等多个角度，对性格的内涵作了深入挖掘和全面的阐述，并结合大量有说服力的现实事例，剖析了优良性格的积极作用和缺陷性格的负面作用。

通过阅读本书，你可以识别自己的性格特征，发现自己性格中的优点和弱点，最大限度地发挥自己的潜能，高效地开展工作、事业，经营生活、婚姻、家庭，从而把握机遇，彻底改变自己的命运，创造和谐圆满的人生，获得成功和幸福。

目 录

一、性格好，人生就有了方向

我们每一个人都会有自己的人生方向，而最终的结果往往又会受到各种因素的影响，其中最主要的因素就是性格。一个外向好动的人，你让他整天坐在一间沉闷的房间里做统计工作，他一定会憋得忍受不了；相反地，你让一个性格羞涩、文静内向的人独当一面地出去跑业务、谈生意，估计他也是很难胜任的。因此，性格直接影响着一个人的人生方向。

别让奸诈主宰你的性格走向 …………………………………… 2
自我封闭的性格要不得 …………………………………………… 5
把握性格优势最重要 ……………………………………………… 7
凡事靠自己 ………………………………………………………… 10
只有一个独特的你 ………………………………………………… 12
性格是谁都偷不走的 ……………………………………………… 13
最难且最重要的是了解自己 ……………………………………… 16
发现真实的自己 …………………………………………………… 18
人贵有自知之明 …………………………………………………… 19

以退让性格化解麻烦 …………………………………… 21

二、性格好，命运就有了高度

威廉·詹姆士说："播下一个行动，你将收获一种习惯；播下一种习惯，你将收获一种性格；播下一种性格，你将收获一种命运。"成也性格，败也性格。好性格成就你的一生，坏性格毁掉你的一生。你若想掌控命运，首先要主宰自己的性格。

做一个掌握自己命运的人 ………………………………… 24
做自己生命的主人 ………………………………………… 25
成为自己命运的舵手 ……………………………………… 27
自信是成功的第一秘诀 …………………………………… 28
主宰命运就要相信奋斗 …………………………………… 30
刚毅成就了一个时代 ……………………………………… 33
信心是战胜困难的法宝 …………………………………… 39
让自卑从生活中走开 ……………………………………… 41
挖掘性格的宝藏 …………………………………………… 43
自信的性格可以改变一切 ………………………………… 45
主动出击方能战胜失败 …………………………………… 48
豁达是一种超然洒脱的性格 ……………………………… 50
豁达大度，宽宏大量 ……………………………………… 51
对生活永远要宽容仁爱 …………………………………… 54
换个角度看事物 …………………………………………… 56
大度的性格是解除疙瘩的最佳良药 ……………………… 59

三、性格好，幸福就有了感觉

性格是个奇异的东西，千变万化，难以捉摸。抓住一个人的性格，就犹如扣住了他的穴脉。在寻找爱情的漫漫长路中，两个人的性格是否相合是决定这份爱情能否有一个美满结果的关键。所以，想拥有一个美满的婚姻，了解各自的性格状况非常重要。

了解性格在婚姻中的表现 ················ 64
性格决定恋爱模式 ···················· 66
猜疑促使夫妻反目 ···················· 69
恋爱中情人喜欢的性格 ················ 70
夫妻间性格的互补 ···················· 73
矜持的性格会错失爱情 ················ 75
爱前先要了解对方的性格 ·············· 77
性格与婚姻关系的 13 种组合 ············ 78
不同性格情侣的和美相处之道 ·········· 81
永远不要由爱生恨 ···················· 84
看准目标，立即行动 ·················· 87

四、性格好，存在就有了价值

一个人成功的秘诀是性格与人生价值。性格与人生价值是生命的主体，实现人生的价值与意义就需要培养性格。性格与人生价值的特点是积极进取、不屈服于命运。性格与人生价值观是人生的主体，不同的人，有不同的价值观，也有不同的存在价值。

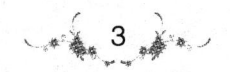

积极进取才能激发潜能 …………………………………… 90
进取心是成功者的助推器 …………………………………… 91
不要让消极性格吞噬进取心 ………………………………… 94
任何艰难都会为进取者让路 ………………………………… 96
不要输给自己 ………………………………………………… 99
坚持到底，永不退缩 ………………………………………… 100
爱拼才会赢 …………………………………………………… 101
正视坎坷的人生 ……………………………………………… 105
笑对世间起伏事 ……………………………………………… 107
独具慧眼，见人之所未见 …………………………………… 110

五、性格好，思想就有了境界

思想决定行为，行为决定习惯，习惯决定性格，性格决定命运。什么样的性格决定了你什么样的命运。性格中有很多观念的问题，需要你的思想去判断哪个更有理，你就会接受，渐渐地影响自己的行为，因此你的命运就能发生改观了。

沉静是人生的一种境界 ……………………………………… 114
沉静的性格游刃于天地之间 ………………………………… 116
性格急躁者难成大事 ………………………………………… 119
成功靠等待，急于求成只会失败 …………………………… 120
性格沉稳的人会权衡利弊 …………………………………… 121
不要犯急躁盲动的错误 ……………………………………… 123
抛弃浮躁，心宁智生 ………………………………………… 124

危急不乱性 ··· 126
遇乱不慌真智慧 ··· 128
凡事三思而后行 ··· 132
得意时最好淡然一些 ···································· 135
不可挥霍头顶的光环 ···································· 137

六、性格好，品行就有了修养

我们喜欢或讨厌一个人，究竟是因为这个人的性格还是因为这个人的品德？乍一看，性格和品德似乎没什么关系，性格是天生的，品德似乎是后天培养的，但是，为什么大部分情况下，我们喜欢或讨厌某个人的时候是源于其性格，而并非源于其品德。这是因为性格决定了一个人的品行。

坚忍是一种健康的性格 ································· 140
不要狂妄自大 ··· 144
自吹自擂会影响事业的成功与发展 ················ 147
居功骄横，自毁人生 ···································· 149
小肚鸡肠难成大器 ······································· 151
得理也该宽容让人 ······································· 153
坚毅是强者不可缺少的品质 ·························· 154
坚忍需要磨砺 ··· 156
坚持不懈，遇挫不弱 ···································· 159
铸就奋斗人生，练就强者风范 ······················· 160
把挫折当成前进的阶梯 ································· 163
锲而不舍，金石可镂 ···································· 165

耐心是性格，是成熟 …………………………………… 167
用健康的性格把命运转换成使命 …………………… 171
以坚忍成就辉煌 ……………………………………… 172

七、性格好，抉择就有了关键

　　人生存在这个世界上，势必会受到不同价值观的影响，这种影响像空气一样弥漫在我们周围，无法逃避。尽管有些人没有价值观的概念，但他们的行为却无法避免地受到价值观的支配。于是，人们经常会遇到两者只选其一的情况。在这样的情况下，的确很难让人很快地做出选择，于是当事人忽略了时间的价值，犹豫不决，而最终可能带来意外的恶果，于是为此留下伤痛和遗憾。因而，一个人性格果断，那么他的抉择就有了关键。

果断是一种最可贵的性格 ……………………………… 178
把握机会及时决断 ……………………………………… 183
优柔寡断不可取 ………………………………………… 186
莫待无花空折枝 ………………………………………… 188
有韬略性格的人最善于把握机遇 ……………………… 189
具有审时度势性格的人会选择时机 …………………… 192
帷幄运筹，由弱变强 …………………………………… 195
生逢乱世，明辨时局 …………………………………… 197
机遇不等人 ……………………………………………… 200
关键时刻要敢于拍板 …………………………………… 202
不要拖泥带水 …………………………………………… 203

八、性格好，工作就有了主导

职业心理学研究表明，性格影响着一个人对职业的适应性。不同的性格适合从事不同的职业，同时，不同职业对人的性格也有着不同的要求。因此，我们在考虑或选择职业时，不仅要考虑自己的职业兴趣和职业能力，还要考虑自己的职业性格特点，考虑职业对人的性格要求，考虑性格对职业的影响，从而根据自己的性格特点选择自己最宜从事的职业。

性格决定职业成败……………………………………………208
做自己的经纪人………………………………………………209
不同性格的职业定位…………………………………………211
让"个性"成为职业发展的最佳导航仪……………………213
根据性格选择适合自己的职业………………………………214
性格特征与择业………………………………………………215
让每一个人都看见自己的工作………………………………217
勇敢地担负起责任……………………………………………218
天道酬勤………………………………………………………221
将性格和工作结合起来………………………………………223
做自己最喜欢和最擅长的工作………………………………226

性格好，人生就有了方向

我们每一个人都会有自己的人生方向，而最终的结果往往又会受到各种因素的影响，其中最主要的因素就是性格。一个外向好动的人，你让他整天坐在一间沉闷的房间里做统计工作，他一定会憋得忍受不了；相反地，你让一个性格羞涩、文静内向的人独当一面地出去跑业务、谈生意，估计他也是很难胜任的。因此，性格直接影响着一个人的人生方向。

别让奸诈主宰你的性格走向

　　一个人若能心胸坦荡、很好地把握住自己，一定会有一番大作为。然而，若是性格暴躁，心地不端，那么本来拥有的善于谋划的优势，就会被用错地方，变成不择手段、坑害别人的阴谋。这样的人往往被其野心和忌妒心所左右，为了达到自己的目的，不惜铤而走险，结果只能是害人毁己。

　　历史上，战国时期的庞涓也算是一个有勇有谋的人，然而，他因为生性忌妒，把其本应用在正道的智慧变成了算计别人的卑劣手段，最终落得个悲惨的下场。

　　春秋末期，韩、赵、魏三家分晋。其中魏国势力最为强大，魏惠王野心勃勃，意图称霸天下，于是四处招贤纳士，收拢人才。

　　庞涓和孙膑同为当世高人鬼谷子的学生。两人在鬼谷子的指导之下，文韬武略无所不习，成为当时的奇才。但庞涓为人较为心浮气躁，在学艺未得大成之时，便急欲立功扬名，于是便下山投奔魏国。在魏国，庞涓深得魏惠王信任，授封为大将军。他施展学得的本领来训练兵马，在与卫、宋、鲁、齐等国的交战中，屡战屡胜，备受魏国朝野尊重。

　　不久，孙膑也学成下山。他德才兼备，智谋非凡，是个百世难遇的奇才。下山之初，因为没有根基，所以孙膑也前往魏国，魏惠王得到消息，便征询庞涓的意见。庞涓心知自身逊孙膑一筹，便说："孙膑是齐国人，我们如今正与齐国为敌，他若来了，恐怕有所不妥。"魏王说："如此说来，外国的人就不能用了？"庞涓无奈，只得同意让孙膑前来。

　　孙膑来到魏国，一谈之下，魏王就知道孙膑更有将帅之才，就想拜他为副军师，协助庞涓行事。庞涓听了忙说："孙膑是我的兄长，才能又比我强，岂可在我的手下？不如先让他做个客卿，等他立了功，我再让位于他。"实际上，这是个计谋。庞涓是为了不让孙膑与之争权，然后再伺机陷害。而孙膑还以为庞涓一片真心，对他十分感激。

庞涓原以为孙膑一家人都在齐国，因而不会在魏国久留，便试探着问他："你怎么不把家里人接来同住呢？"孙膑说："家里人非亡即散，哪里还能接来呢？"庞涓一听，顿时一惊。如果孙膑真在魏国待下去，自己的地位可真是岌岌可危了。

事后，一个齐国人捎来了孙膑的家书，大意是让他回去。孙膑回了一封信，言称自己已在魏国做了客卿，不能随便走。凑巧的是孙膑的回信竟被魏国人搜出来，呈给了魏王。魏王便问庞涓如何处置此事。庞涓一见机会来了，应答道："孙膑是大有才能之人，如果回到齐国，对魏国十分不利。我先去劝劝，如果他愿意留下，那就罢了，如果不愿意，那就交由我来处理。"魏王点头答应。

庞涓当然没有劝孙膑，而是对他说："听说你收到一封家信，怎么不回去看看呢？"孙膑说："只怕不妥。"庞涓大包大揽，劝孙膑可放心探亲，孙膑颇为感动。第二天，便向魏王告假。

魏王一听孙膑要回乡，便认定他私通齐国，命庞涓审问。庞涓故作惊讶，先放了孙膑，又假装向魏王求情。而后，又神色慌张地向孙膑解释，他费了九牛二虎之力才保住了孙膑的性命，但黥刑和膑刑却不能免除。于是，孙膑脸上刺字，膝盖被剔，终身残废，只好依靠庞涓过日子。

这正是庞涓的阴谋所在。庞涓认为，孙膑变成终生残废，便无法再出仕做官，不会妨碍自己的前途。同时，他又可以把孙膑作为"奇货"控制起来，养在庞府，以便利用他的智慧为自己效劳。而孙膑还天真地认为是庞涓救了自己的性命，遂欲刻写祖传兵法送与庞涓，以感谢他的恩德。

庞涓派来的侍者看到孙膑的诚实深为敬佩，而对他遭受的不白之冤又极为同情，于是将庞涓的所作所为全部告诉了孙膑。直到此时孙膑才如梦初醒，看清了庞涓的阴险嘴脸。

具有雄才大略的孙膑，正准备实现他的理想，竟突然遭此横祸，被人暗算，身陷逆境，好不凄惨。但是，孙膑毕竟是个意志非凡的人，他不仅没有向恶势力屈服，反而更加发愤图强。他设法摆脱庞涓的监视，暗暗地钻研兵法，准备有朝一日逃离虎口，用自己的知识和智慧报仇雪耻。

经过一番认真思考，孙膑只好装疯以自救，大喊大叫，烧掉了已经写出的兵书。庞涓以为他真的疯了，无可奈何。

过了一些时候，齐国的使者来到魏国。孙膑乘人不备，暗暗去见齐使，他以刑徒的身份、惊人的才华和慷慨的陈词打动了使者的心。使者与他秘密约定，临行时偷偷用车把孙膑带回了齐国。

孙膑来到齐国，受到齐威王、将军田忌的热情接待。在问对时，孙膑较系统地阐述了他的军事理论。齐威王听了孙膑的论述，深为他的精辟见解所吸引。

齐威王认为孙膑是个不可多得的奇才，便要拜他为大将。孙膑不愿显居其名，辞谢说："我是个受刑的残废之人，怎么能做大将呢？大王还是以田将军为大将，我可以协助将军策划计谋。"

齐威王接受了孙膑的意见，任命他做齐国的军师。通过赛马谈兵，孙膑一鸣惊人，由一个刑余之人一跃成为一个大国军队的统帅。从此，孙膑在战国七雄争霸的角逐中开始崭露头角，大显身手，最后在马陵之战中杀死了庞涓，报了深仇大恨。庞涓以前所犯的罪孽终得报应：身败名裂，客死他乡。

一个人最怕的就是把自己的智慧用错了地方，让奸诈主宰了自己的性格走向。如果能发挥自己性格的优势，正确运用自己的智谋，那么，不但能避免祸事，更能赢得美好的前景。

自我封闭的性格要不得

中国有句"少年老成"的成语，用来赞扬那些看起来不动声色、善于掩饰自己真情实感的年轻人。过于沉重的历史负担和种种无形的陈规陋习，使许多人误以为冷淡和不显露感情是成熟的标志。我们所受的早期教育总是要求我们刻意修饰自己的形象，要显得稳重并循规蹈矩。我们日益变得只相信"规范"、"责任"等抽象的概念，终日受到种种担忧顾虑的干扰和胁迫，而不再倾听或竭力回避自己内心的呼唤。人们总是担心遭受这样的议论："那个人总像一个孩子，永远也长不大。"

过分地、浮夸地表现感情并不可取，但我们不能因此对生活中真正打动我们内心的人和事也装作视而不见。把感情封闭起来，戴上所谓成年人的千篇一律的面具去生活，只会使我们的生活腐败变质。人类的内心世界是由感情凝结而成的，所以我们才能在邻居或朋友之间建立起诚挚的友谊；才能在夫妻间建立起成功美满的婚姻和家庭；社会也才能通过感情的纽带协调运转。真挚的感情无影无形，但它却比任何实际的东西都更有价值。正因为如此，寻找失落的童年时的笑声和真情也才会成为人们历尽磨难后的梦想。

自我封闭的性格不仅使我们的生活变得寂寞、沉重、多疑和孤僻，而且使我们一度拥有的创造能力丧失殆尽。与成年人相反，儿童更多的是使用脑的右半球，那是人的智慧中枢和想象力、创造力的发源地。左脑半球是人的逻辑中枢，储存着成人后掌握的种种规范和观念。左半脑的发展压抑了右脑半球的活动，人们不再能无忧无虑地创造自己的生活了，欧洲画坛大师马蒂斯大声疾呼，艺术家一辈子都应该像孩子一样去看世界，"因为丧失了这种能力，就意味着同时丧失了每一个独创性的表现。"

天性开朗、热情、奔放的人根本就没有必要去追求少年老成的效果，以至于制造出一副扭曲的性格，它比肢体的残疾更要令人悲哀。装出一副老于世故的外表和麻木不仁的面孔去迎合某种观念和大众化的口味，是脆弱、怯懦的表现。走出自我封闭的圈子，注意倾听自己心灵的声音并大胆表现它是美好和幸福的。当我们要压抑自己的感情，想把它封闭起来时，我们有必要反躬自问：我怕的是什么？我为什么不能更自由、更真实地生活在世界上，而不是在面具里？

有所作为的人从不掩饰自己的真情。罗斯福会发出孩子般爽朗的笑声；丘吉尔会为了区区小事就大失身份地和自己的男仆争吵起来；列夫·托尔斯泰听柴可夫斯基弹琴时当众流出了泪水；大书法家米芾给友人写信写到"芾再拜"时，竟恭恭敬敬地站起身来，向桌子拜了下去。用世俗、功利的眼光去看待这一切又怎么可能理解这些名人的率真行为？

罗斯福总统的夫人艾莲娜有一次犹豫不决，下不了决心是否去做某件事，她向经济学家巴鲁克请教："我的头脑叫我去做，可我的心叫我不要做。"巴鲁克的忠告是："有疑问时，遵从你的心。如果因为遵从你的心而做错了事，不会觉得太难过。"为了你生活得更快乐、更有意义，请你摘下成年人的脸谱，重新审视自己的内心，还原自己的性格本性吧。

把握性格优势最重要

很多人虽然性格都差不多，但是如何利用性格的优势却大相径庭。大家都知道，在我们的身上，往往不止有一种性格存在。如有的人虽然性格敏感，但他也具有谨慎的性格。而且某一种性格在不同的时间、不同的环境中所产生的效果都不一样。譬如说，具有冒险性性格的人在创业初期往往能够把握住别人所不敢攫取的机会，但是到创业中期时，又往往因过于冒险而深陷困境。

2000年7月17日，《福布斯》杂志的封面故事这样描写一个中国的企业家：深凹的颧骨，弯曲的头发，淘气的露齿笑，一个5英尺高、100磅重的顽童模样。

然而，就是这样一个"怪怪"的人，却成功地做到很多自认为聪明的人无法办到的事：他是中国第一个对互联网商业用途做出探索的人，并因此被国外媒体称为 Mr. Intemet；他创办了世界上最大的电子交易网站。他是国内第一个登上《福布斯》封面的经济人物，他的公司被哈佛、斯坦福等著名商学院选为案例；2003年7月，英国首相布莱尔访问上海时点名要求见面的六位企业家中，他是其中一位。

他就是马云。

1964年，马云出生于杭州一个贫困的家庭里。

大学毕业后，马云进入杭州电子工业学院教英语。在课堂上，他的教学模式和其他老师不同，他很少带教案，喜欢随心所欲地坐在讲台上授课，这一举动在当时被同行视为异类，但却大受学生喜欢。

1995年，马云到了而立之年，这一年他被评为杭州十大杰出青年教师，校长还许诺提拔他为外办主任。但生性活跃的马云对这些别人梦寐以求的东西毫无兴趣，他开始了深深的思考，他认为自己的性格是那种敢于尝试、敢于冒险的类型，而且自己善于言谈，沟通能力强，渴望做有挑战性的工作，自我创业倒是更符合自己的性格。于是，他立马不干，主动辞职了。

如果说当时马云没有对自己性格的一番准确的定位，没有找到自己的性格优势，那么在芸芸众生的大千世界就会多了一位平凡的教师，而少了一个叱咤网络界的经济奇才。

有了创业的想法，一直相信"时不我待，舍我其谁"的马云就立即开始了自己的行动！他找了个学自动化的"拍档"，加上妻子一共3人，怀揣两万元启动资金，租了间房，就开始创业了。1995年4月，马云成立了中国黄页互联网公司——海博网络，做"中国黄页"业务。

最初，"中国黄页"的业务形式主要是专门给企业做主页，一张主页2000字，一张彩照，中英文对照，2万元人民币。在公司成立后的很长时间里，为了推广"中国黄页"，马云经常在杭州街头的大排档里宣传推销自己的"伟大"计划，旁边有一大群人围着他，被他滔滔不绝的口才说得一愣一愣的。在这种最简单、最原始的广告宣传中，马云那种表现型的性格被有效地发挥出来。

就这样，表现能力强、爱挑战的马云每天出门对人讲互联网的神奇，请他们同意付钱并把企业的资料放到网上去。他在全国27个城市一个一个地开拓业务，在所有没有互联网的城市，人们都视马云为骗子。但马云仍然不屈不挠，他天天出门跟人侃互联网，说服客户，说服记者。业务就这样艰难地开展了起来。而此后的迅速发展则是很多人始料不及的，第三年马云就赚了500万元的利润。

1999年2月，马云被邀参加了在新加坡举行的亚洲电子商务大会。会后，马云决定回老家杭州创办"阿里巴巴"网站。马云选择杭州的理由非常简单：远离北京、深圳这些IT中心，人力资源相对便宜。

从上面的叙述可见，虽然马云是一位爱冒险、爱挑战的商业奇才，但是在他的性格中同样有着"谨慎从商"的理念。从创办"阿里巴巴"的模式、电子网站的功能定位以及选址都经过了仔细的思考，这其中的每一步，他既发挥了自己敢于冒险的性格，又发挥了谨慎性格中的思考能力。

1999年3月10日，阿里巴巴公司在杭州马云家中诞生。经过几个月的筹备建设后，www.Alibaba.com在互联网上出现了，效果立竿见影，有一个青岛商人，每年都从韩国进口一种设备，他坚信设备的产地其实就在中国，但始终无法找到。后来他偶然间发现了阿里巴巴，就在上面发了一条求购信息，不料几天之内就同生产该设备的中国厂家联系上了。令他更惊奇的是，该厂家竟然就在青岛！

一传十、十传百，阿里巴巴网站在商业圈中声名鹊起。但马云知道，阿里巴巴面临着一个巨大的战略选择——国内电子商务尚不成熟，只有利用发达国家已深入人心的电子商务观念，为外贸服务，才能钓到真正利润丰厚的大鱼。于是，马云再次发挥了他性格方面的优势——用自己极具说服力的口才去征服全世界。

1999年至2000年，马云像一只大鸟不停息地在空中飞行，他参加了全球各地尤其是经济发达国家的所有商业论坛，去发表疯狂的演讲，用他那超人的演说天赋去宣传他全球首创的BtoB思想，宣传阿里巴巴。他相信自己就是一台永不停息的发动机，是一台促销机器。

他一个月内可以去3趟欧洲，一周内可以跑7个国家。他每到一地，总是不停地演讲，他在BBC（英国广播公司）做现场直播演讲，在全球著名高等学府麻省理工学院、沃顿商学院、哈佛大学演讲，在"世界经济论坛"演讲，在亚洲商业协会演讲。他挥舞着他那干柴一样的大手，对台下的听众尖声叫道："BtoB模式最终将改变全球几千万商人的生意方式，从而改变全球几十亿人的生活！"他在哈佛与诺基亚总裁同台辩论，赢得台下上千人起立鼓掌！怪异的长相、雄辩而鼓动性极强的口才和超越全球的商业思想，竟然综合交融在这个枯瘦弱小的中国人身上，听众无不为之惊讶。

2000年7月17日，《福布斯》评价马云："有着拿破仑一样的身材，更有拿破仑一样的伟大志向！"

很快，马云和阿里巴巴在欧美名声日隆，来自国外的点击率和会员呈爆增之势！到2000年底，阿里巴巴会员以每日增长一二千的速度发展，每天可收到3500条商品供求信息，700余种商品信息按类别和国别分类。

如今，阿里巴巴已是全球最大的BtoB（商家对商家交易）网站，同时也被业界公认为全球最优秀的BtoB网站。

马云的成功说明了性格是一个人从事何种职业的导向，但是对多种性格优势上的把握则决定了成功的可能性。可以说，一个人必须要发挥他性格上的优势才能取得事业上的成功。比如，当教师就必须要发挥耐心的性格优势；做市场营销就必须发挥自己善于与别人打交道的性格优势；做广告就必须发挥自己思路敏捷、创意多多的性格优势……如果你不去发挥你性格方面的优势，那么不论你有多么好的性格，都犹如拿一把削铁如泥的宝剑去切白菜一样可悲。

凡事靠自己

人生有时经历的困境是并不相同的。有的困难别人能帮助你解决，而有时候你所遇到的困难，别人未必能直接帮得上你。只有靠自己的刚毅性格来挽救自己，才是希望，才是出路。

一天，放牛娃上山砍柴，突然遇到老虎袭击，放牛娃吓坏了，抓起镰刀就跑。然而，前方已是悬崖，老虎却在向放牛娃逼近。为了脱险，放牛娃决定和老虎决一雌雄。就在他转过身面对张开血盆大口的老虎时，不幸一脚踩空，向悬崖下跌去。千钧一发之际，求生的本能使放牛娃抓住了半空中的一棵小树。这样就能够脱险了吗？难！上面是虎视眈眈、饥肠辘辘的老虎，下面是阴森恐怖的深谷，四周到处是悬崖峭壁，即使来人也无法救助。吊在悬崖中的放牛娃明白了自己的处境后，禁不住绝望地大哭起来。

这时，他一眼瞥见对面山腰上有一个老和尚正经过这里，便高喊"救命"。老和尚看了看四周的环境，叹息了一声，冲他喊道："本人没有办法呀，看来，只有你自己才能救自己啦！"放牛娃一听这话，哭得更厉害了："我这副样子，怎么能救自己呢？"

老和尚说："与其那么死揪着小树等着饿死、摔死，不如松开你的手，那毕竟还有一线希望呀！"说完，老和尚叹息着走开了。放牛娃又哭了一阵，还骂了一阵老和尚见死不救。

天快要黑了，上面的老虎算是盯准了他，死活不肯离开。放牛娃又饿又累，抓住小树的手也感到越来越没有力量。怎么办？放牛娃又想起了老和尚的话，仔细想想，觉得他的话也有道理：是啊，这么耗下去，只能是死路一条，而松开手落下去，也许仍然是死路一条，但也许就会获得生存的可能。既然怎么都是死，不如冒险试一试。

于是，放牛娃停止了哭喊，他艰难地扭过头，选择跳跃的方向。他发现万丈深渊下似乎有一小块绿色，会是草地吗？如果是草地就好了，也许跳下去后不会摔死。他告诉自己："怕是没有用的，只有冒险试一试，才能有生存的希望。"他咬紧牙关，松开了紧握小树的手，身体飞快地向选择的落脚点坠落，奇迹出现了——他落在了深谷中唯一的一小块草叶茂密的绿地上！

后来，放牛娃被乡亲们背回家养伤。两年以后，他又重新站立了起来，放牛娃用自己的经历告诉人们，绝处也能逢生。只要你不放弃希望，不放弃努力，就有可能获得重生的机会。

在成功者的字典里，是绝没有"绝望"一词的，因为他们不会轻易地否定自己，只知道等待自己的终将是希望，即使许多事情似乎已经到了绝望的边缘，他们也会拼搏一下，为自己寻找生存的希望。

上述这个故事告诉人们，即使在最绝望的时候也要坚守住最后的希望，用刚毅的性格去作最后的拼搏。这样，就会多给自己一次机会，说不定会因此而获得一个崭新的人生。

只有一个独特的你

人是世间万物之灵长，你是世界上独一无二的。

谚语有云：

播种行为，收获习惯；

播种习惯，收获性格；

播种性格，收获命运。

甜蜜的爱情、美满的婚姻、幸福的家庭、亲密的朋友、信赖的知己、腾达的事业、辉煌的成就、别人的仰慕……这一切，我们每个人都想拥有，没有人希望自己在人生之路上遭遇失败。但成功除了离不开机遇与自己的拼搏外，首先要做且必须要做的，不是战胜外在，而是战胜自己；不是了解别人，而是了解自己。

了解自己主要是指认识自身的性格：是内向还是外向，是封闭还是开朗，是自卑还是自信，是懒惰还是勤劳，是虚荣还是朴实，是偏执还是随和，是狭隘还是心胸宽大，是贪婪还是怯懦……不管是怎样的性格都不要惧怕，因为只要了解了自己性格的特点，就可以发扬优点，克服缺点。法国作家纪德说过，人人都有惊人的潜力，要相信你自己的力量与青春，要不断地告诉自己："万事全赖于我。"上天只创造了一个独特的你，你是独一无二的。成功胜利由自己创造，失败挫折由自己承担。

就如同这世上没有两片完全相同的树叶，这世上也没有两个完全相同的人，即使是同卵双胞胎，外貌上旁人难以区分，但他们的DNA仍有着百分之几甚至零点几的差异。

也许你有些地方与别人相似，但你仍是无人能取代的，你的一言一行都有自己的个性和选择，因为你是自己的主人。无论高矮胖瘦，你的身体，从头到脚只属于你自己；你的目之所及，耳之所闻，你的脑子，包括情绪思想也只属于你自己。因此，你首先要先喜欢自己，接纳自己的一切，然后才能深刻了解自己，进而将自己最好的一面展现出来。

然而，人多少会对自己产生疑惑，内心总有一块连自己也无法理解的角落。但只要你多支持和关爱自己，就必定能鼓起勇气和希望，为心中的疑问找到解答，并更进一步地了解自己。

你就是你，世上不会再有第二个你自己。

性格是谁都偷不走的

公元前5世纪初，在雅典西南的洛里安姆银矿开采出了一条优质的银矿脉，在很短的时间内，新矿层就生产出了好几吨纯银。

正是有了这个在洛里安姆矿场意外发现的"世界宝藏金银之泉"，雅典才一跃而成了地中海东部的海上霸主和希腊世界的领袖。很快，雅典还成为古典时期知识荟萃、艺术生辉的中心。

一个宝藏的开掘，改变了雅典的历史，铸就了西方文明的辉煌。从这点我们不难发现，自然界有了宝藏能产生奇迹，那么人呢？人有了宝藏是不是也能产生奇迹呢？答案是肯定的，每个人身上都有一个宝藏——了解并开发自身的良好性格就是挖掘自己的宝藏。

曾国藩可以说是成功开发良好性格宝藏的典型代表，他一生的成就也得益于其方圆得体的性格，使他处江湖之远深得民心，居庙堂之高深得君意。

曾国藩是中国历史上最后一位学者兼"贤相"，一生福禄寿禧占全，封建士子追求的虚名与实利他都得到了。

他是靠镇压太平天国起家的。清王朝的统治高层在对曾国藩大加任用的同时，也对曾国藩怀有防范之心。

实际上，清王朝的半壁江山已掌握在他的手中。曾国藩的心里很清楚，怎么处理好同清廷的关系，是自己今后命运的关键。由此，他性格中的百炼钢转化成绕指柔，曾国藩的性格开始了柔韧化的旅程。

因此，倔强刚猛的"曾剃头"，一变而为温厚宽容的圣相，位列三公，权倾当朝，得到了一个汉族官吏前所未有的权势与名利。

曾国藩曾写过一副对联："养活一团春意思，撑起两根穷骨头。"正是这种刚柔相济的良好性格，使他游刃于朝野上下、天地之间。

每个人的良好性格都是有着神奇力量的宝瓶，但这个宝瓶是我们本身具有的，而不是神赐予的。性格的宝藏，就是在不断地挖掘中磨炼出本色的光芒。

除了我们自己，没有谁能够伤害你，你所受到的伤害都是自己造成的，你从来就不是一个真正的受害者。

很早以前，有一个穷人，他很信奉天神。天神看到他那样诚心，就想帮他完成他的心愿，于是问他："你如此虔诚，是为了求得什么呢？"

这个人答道："心想事成。"

因此，天神从怀中取出一个宝瓶，交给他说："这是一个宝瓶，叫做性瓶，把它保存好，你要什么，它就会给你什么。"

说完后，天神走了。

果真，性瓶有求必应，给他变出了豪华的住宅，成群的车马，还有很多财宝。

他不禁有点儿得意忘形，手拿性瓶跳起舞来。

不料，他没跳几步就一下绊倒了，只听"啪"地一声，性瓶掉在地上，碎了，那些由性瓶变出的住宅、车马等大量的财物，也在一瞬间消失得无影无踪。

穷人跌坐在地，他又变得一无所有了。

性格是一个多侧面的棱镜，在这多个侧面中，不一定所有的面都能映现出灿烂光辉的性格，很可能有一面甚至几个面是消极的。所以，再杰出的人物也会有其性格方面的弱点，再消极的人，其性格也会有积极的一面。人通晓这些道理，对于克服性格缺陷具有极为重要的现实意义。

没有人天生就拥有比他人更耀眼的光芒，任何一个人都必须学会如何吸引他人关注的目光，尤其是在人生的起步阶段，就应让自己的名字与声誉附上一种与众不同的特质，使自己超越于他人之上。这个形象可以是某种个性化的穿着打扮，可以是让人们津津乐道的生活轶事，也可以是由内而外折射出的性格气质。一旦建立起了自己的良好形象，就会在闪亮的星空中占有一席之地。

发现一个矿藏，可以改变一个国家的命运；了解并挖掘自身良好的性格，可以改变一个人的一生。而自身性格的宝藏，是只属于自己，谁都偷不走的。

良好的性格是我们在错综的人际关系网中游刃有余的法宝，是我们内在散发的魅力，让我们在坎坷的生存之路上战无不胜。

性格是八面玲珑的复合体，没有绝对的完美；性格是出于自然的璞玉，关键在于打磨；性格是生命的圆镜，拂去尘土，本身就是光明；性格是深林的沉香，一经开采，必将散发出迷人的芳香。你要在不断的探索中，发现你独特的一面。

最难且最重要的是了解自己

　　米开朗基罗创作了许多留传至今的杰作。在他准备雕刻大卫像时，他常常会花很长时间去挑选大理石。因为他深知，材料的质地决定着作品的美感，他可以改变作品的外形，但改变不了它的基本成分。当时米开朗基罗最大的心愿是创作两件完全相同的杰作。为了达成这个心愿，他甚至从一块大理石上切割一半下来，试图找到两块完全相同的大理石。

　　但结果是，雕刻出来的两件作品仍不能完全相同，总会有细微的差别。

　　作品不能完全相同，性格亦如此。人的性格千差万别，每个人都有其与众不同之处。我们每个人天生就有着与兄弟姐妹不同的组合特征——自己的性情、自己的组合材料、自己与生俱来的特质。虽然智商、环境和父母的影响都能塑造一个人的性格，但内在的本质却改变不了，因此，我们应该运用自己独特的天赋、性格和智慧，去冲刺人生的美好目标。

　　世界是复杂的，但对于我们每个人来说，无非是自己与外界的关系。其实复杂的关键就是这个关系。不了解自己的人是不稳定的人，别人更无法真正了解你，因为最了解自己的人永远是你自己。

　　你了解自己吗？只有了解自己、控制自己，才能做真正的自己！

　　需要注意的是：性格并无好坏之分。不同的性格，在迈向成功的道路上也会有不同的选择。每个人的性格里都自有一种优势存在，不要只盯住自己的个性弱点去苛求所谓的完美。

实际上，只要你不带着偏见深入地审视自己，总会找到属于自己个性中的优势。不同性格的人都可以成功，性格本身没有好坏之分，关键是我们如何去运用它，如何运用好的方法让大家都能够得到成长与成功，这就是性格分析可以带给我们的收获。

每一个人对成功的定义理解都不同，真正的成功应是全方位的，包括朋友、家庭、心灵、时间与金钱等，但最终是精神上的东西。有段话说得很恰当：买得起房子，却买不到家庭；买得起好药，却买不来健康；买得起高档商品、化妆品，却买不来青春。没钱是万万不能的，但有钱也没什么了不起，毕竟金钱买不来自己的真爱。人是精神和物质相交融的产物，你只有主宰了自身的性格优势，才能主宰自身的命运。

健康的性格取向被认为是个人充分发挥潜能和价值的能力。拥有健康的性格无疑是健康的现代人最主要的生活价值观取向。

一个人一生的奋斗过程其实就是战胜自我的一个过程。要想战胜自我，首先要尽量地了解自身的性格。假如对自身的性格优点、缺点都不了解，就很难在工作中扬长避短、挑战自我。

了解自己的性格不仅对个人重要，而且对社会也是很重要的。一个人要在社会中，甚至在家庭中做一个有作为的参与者，就必须能与他人建立积极的关系。常常对人怀有敌意、嫉妒、猜忌、分裂之心的人，仅顾自己、阴阳怪气、古怪孤僻的人，不但没有机会很好地参与社会生活，不能充分地发挥自己的潜能和价值，还会给人与人之间的关系带来伤害。由此，我们要积极地培养自己的健康性格，使自己能够很好地适应社会生活，保持内心的和谐。

了解自己，从人类丰富的知识宝库中汲取养料，以培养自己的智慧，提高自己的聪明才智。培养健康的性格，要学会从知识的海洋中正确地认识自身，处理好自己与行为的关系；学会战胜寂寞、绝望与烦忧，处理好自己与环境的关系；学会在工作中获取成就，处理好自己闲暇娱乐活动与工作的关系，从而形成自己良好的知识素养、文化素养、道德素养和思想素养；学会正确处理自己与他人的关系。

发现真实的自己

在希腊帕尔纳索斯山南坡上，有一组石造建筑物，这就是驰名整个古希腊世界的特尔菲神庙。它的起源据说可以追溯到3000多年前。就在这个神庙的入口处，文献上说人们可以看到刻在石头上的一句话，就是——"认识你自己"。古希腊哲学家苏格拉底最爱引用这句格言教育别人，因此后世的人们常常误认为这是他的名言。但在当时，人们认为这句格言是阿波罗神的神谕。

"认识你自己"——这是需要我们终生追求的目标。只有了解了自己的个性，认识了自己的性格，才能变得睿智，才能胜不骄、败不馁，才能"不以物喜，不以己悲"，踏踏实实地度过一生。

人要找准自己的社会角色定位，要知道自己是一个什么样性格的人，自己的性格有什么优点和缺点，自己应该走什么样的路，适合干什么等。

生命中尤为重要的是要清楚自己的性格究竟和什么职业相匹配。但实际上大多数人没有真正花时间来思考这个问题。

面对多姿多彩的世界和各种各样的选择，很多人往往手足无措。就如同在茫茫的大海中航行，假若你不知道将驶向何方，便注定了一生要忍受漂泊之苦。在你决定自己想要什么、需要什么之前，一定要先审视一番自己的性格特点，发现自己的真正需要。只有这样，你才能在生活中勇往直前、轻松阔步。

心理学家发现了一个十分有趣的现象：很多人之所以不能成功，关键是不能充分发现自己的价值。对自身的缺陷讳莫如深，其实是一种误区。人有很多资源，缺陷也是其中之一。只有善于发现自己，充分利用自身的资源，才能最大限度地挖掘自己、发挥自己。即使是一种缺陷，也并非没有可利用的价值。

曾经有位叫米莉的多伦多女人，身高仅有1米。为此，她感到十分烦恼。有一天，她在马路上闲逛，忽然看到一位身高2米的英俊男子从身边走过，米莉脑海中顿时闪现一线商机。因此，她故意接近高个子男子，并建议他利用两人的身高特点，开办世界上第一个"极端"食品店，专营大小两极分化的糖果，并尽可能用夸张的手段使之成为鲜明的对比，以引起大人、小孩儿的好奇心。高个男人听后思考了一下，便欣然同意。"极端"食品店开张后果然顾客盈门，财源广进。

平凡的荒原，孕育着崛起，只要你肯去开拓；平凡的泥土，孕育着收获，只要你肯去耕耘；平凡的细流，孕育着能量，只要你肯去积累；平凡的我们，孕育着希望，只要我们肯去发现。自认为平凡的自己，孕育着我们想象不到的潜能，只要你能认识真正的自己！

人贵有自知之明

中国有句古训："人贵有自知之明。"意思是说一个人值得称颂的地方是自身能够正确的认识自己。换言之就是，每个人都需要对自己有一个了解，能够认识到自己性格的优劣，才算得上聪明。

我们要相信自己、发现自己、肯定自己、磨炼自己，这样才能更好地了解自己的性格，从而做好自己。

"横看成岭侧成峰，远近高低各不同。不识庐山真面目，只缘身在此山中。"有时候，我们不能发现自己的性格缺陷的主要原因，与身在庐山反而看不清庐山真面目是一个道理。

人贵有自知之明，要充分地了解自己的性格，才可以更好地发挥自己的性格优势，发掘自己的潜力。而良好的性格则可以很好地与别人合作，并在与他人的竞争中胜出。"知己知彼，百战不殆。"然而有些人虽发挥了性格上的优势，却忽略了对自己性格的认识和反省。

古时候，楚庄王曾想去讨伐越国，有位名叫杜子的人劝他说道："大王要攻打越国，为的是什么呢？"楚庄王回答道："因为越国现在政治混乱，兵力疲弱！"杜子又说："一个人的智慧就好比人的眼睛，能够看清楚很远的地方，却始终无法看见自己的眼睫毛。自从被秦国打败以来，大王已丧失了很多国土，这是国家的兵力疲弱；有的人在国内造反，官吏却无法禁止，这是政治混乱。当前形势，楚国兵弱政乱的情况和越国不相上下，而您还要坚持出兵攻打它，这难道不是看不到自己的弱点吗？"由此，楚庄王取消了攻打越国的计划。

我们往往以他人为参照物来认识自己，以为他人是什么样，自己就是什么样，看不见自己的优点，常常忽略了自己的优点，由此便阻碍了自己的发展之路。真正了解自己的方法是审视自身的内心，从而看到真实的自己。

富兰克林曾说："宝贝放错了地方，便是废物。"人生的意义，原本就是这样，要善于经营自己的长处。经营自身的长处，可以使你的"人生之旅"更加富有生命价值。在人生的坐标里，一个人所处的位置不同，他对于社会的作用也不尽相同。因此，我们选择职业时，首先就应该考虑清楚自己能做什么、不能做什么。对自己有一个比较清醒的认识，这是对自己人生的负责任。

我们用自己的双脚去跋山涉水，用自己的双手去创造财富，用自己的大脑去思考人生，用自己的心灵去感受真情。因此，不要羡慕任何人，妄自菲薄；也毫无理由目中无人，妄自尊大。抱持一颗平常心，本着对每个生命个体的尊重，循着自己性格的方向，走属于自己的路。

以退让性格化解麻烦

社会上很多人都懂得方圆之道，懂得退让之策。他们能审时度势，藏巧于拙。这是由他们的性格决定的。这样的人一般都是具有退让型性格的人，他们在为人处事中深谙退让之策。由此，任何麻烦之事都能于股掌之中轻松地化解。

清河人胡常和汝南人翟方进在一起研究经书。胡常先做了官，但名誉不如翟方进好，在心里总是嫉妒翟方进的才能，和别人谈论时，总是不说翟方进的好话。翟方进听说了这事，就想出了一个应对的办法。

胡常时常召集门生，讲解经书。一到这个时候，翟方进就派自己的门生到他那里去请教疑难问题，并一心一意、认认真真地做笔记。一来二去，时间长了，胡常明白了，这是翟方进在有意地推崇自己，于是心中十分不安。后来，在官僚中间，他再也不去贬低而是赞扬翟方进了。

明朝正德年间，朱宸濠起兵反抗朝廷。王阳明率兵征讨，一举擒获朱宸濠，建了大功。当时受到正德皇帝宠信的江彬十分嫉妒王阳明的功绩，以为他夺走了自己大显身手的机会，于是，散布流言说："最初王阳明和朱宸濠是同党。后来听说朝廷派兵征讨，才抓住朱宸濠以自我解脱。"从而想嫁祸并抓住王阳明，作为自己的功劳。

在这种情况下，王阳明和张永商议道："如果退让一步，把擒拿朱宸濠的功劳让出去，可以避免不必要的麻烦。假如坚持下去，不做妥协，那江彬等人就要狗急跳墙，做出伤天害理的勾当。"为此，他将朱宸濠交给张永，使之重新报告皇帝：捉住朱宸濠，是总督军门的功劳。这样，江彬等人便没有话说了。

王阳明称病到净慈寺休养。张永回到朝廷，大力称颂王阳明的忠诚和让功避祸的高尚事迹。皇帝明白了事情的始末，免除了对王阳明的处罚。王阳明以退让之术，避免了飞来的横祸。

如果说翟方进凭借退让的性格转化了一个敌人，那么王阳明则依此保护了自身。

就社会生活而言，积极奋斗、努力进取、勇敢拼搏、坚持不懈的行为，其价值和意义无疑是值得肯定的。但面对复杂多变的形势，人们不仅需要慷慨陈词，而且需要沉默不语；既需要穷追猛打，也需要退步自守；既应该争，也应该让，如此等等。一句话，有为是必要的，无为也是必要的。

性格好，命运就有了高度

威廉·詹姆士说:"播下一个行动,你将收获一种习惯;播下一种习惯,你将收获一种性格;播下一种性格,你将收获一种命运。"成也性格,败也性格。好性格成就你的一生,坏性格毁掉你的一生。你若想掌控命运,首先要主宰自己的性格。

做一个掌握自己命运的人

没有一个人的成功是一蹴而就的，没有谁可以一步登天。恰恰相反，所有的成功都是经历了一连串的失败之后才获得的。

印度诗人泰戈尔说："幸运女神不喜欢那些迟疑不决、懒惰、相信命运的懦夫。"

也许你常常自怨自艾，你不比别人差，但为什么不如别人呢？原因不外乎你对于命运的理解方法一无所知，亦即不知如何做才能掌握自己的命运。但是，殊不知还有更深一层的原因，即自身的性格也会对命运产生极大的影响。

伟大的音乐家贝多芬曾说过："我要卡住命运的咽喉，它绝不能把我完全压倒！"他在失聪后仍然创作出《命运交响曲》、《合唱交响曲》等许多杰出的作品。尤其是《命运交响曲》开始的四个音符，刚劲沉重，仿佛命运敲门的声音！它所表现的如火如荼的斗争热情，具有强大的感染力。英国著名的文学家弥尔顿在双目失明后，依然坚持创作，在亲友的协助下，写出了《失乐园》、《复乐园》、《力士参孙》等三部宏篇巨著，在世界文学史上留下了辉煌的篇章！

可见，通过积极的性格斗争战胜命运，做一个掌握自己命运的人，是多么的重要！

纵观古今中外，确实有那么一部分人把主宰自己命运的权利交给了神，交给了上天。但是，当人们通过斗争把命运的主宰权收回来以后，发现人是可以掌握自己命运的。因此，一代又一代日益觉悟了的人们，一直在不懈地奏响着自立、不屈、抗争的命运交响曲。

做自己生命的主人

做自己生命的主人，我们必须运用自己自由选择的权利。作为自己生活的"总统"，你每天、每个小时都可以做出自由的选择，我们每个人都能顶得住灾难和烦恼，这就需要你有一个良好的、积极的性格。

对于一个人来说，最坏的事情莫过于总认为自己生来就是不幸之人，认为自己总是得不到幸运女神的垂青。事实上，在我们的思想王国之外，根本就没有什么幸运女神。我们的命运掌握在自己的手里，命运要靠自己去主宰。

在同一个社会环境里，人的命运之所以会表现出极大的不同，主要是由一系列客观条件与主观条件的不同而造成的。换句话说，内因，即主观条件是人的命运变化的根据，具有一定的决定性，外因是通过内因而发挥其作用的。由此，无论是人类发展的实践，还是科学理论的分析，最终的研究结论就一句话：个人的命运主要由个人去把握。

快乐与烦恼往往很容易受外界因素的左右，同时也受自己性格的影响。这样的人经常表现得喜怒无常，搞得他人束手无策，只好对他避而远之。结果导致他的心情很压抑、沉重，更加苦恼、烦躁。

实际上，这样的苦恼仍需自己解决，问题的症结就在于自己的认知评价系统如何对外界刺激做出应答和选择。

古代曾有位学者向南隐请教禅学，南隐以茶相待。他将茶水倒入杯中，杯满后，他还接着倒，学者说："师父，茶已溢出来了，不要倒了。"南隐说："你就好比这茶杯一样，里面装满了你自身的看法和观点。倘若你不首先把你自己的杯子倒空，叫我怎样对你说禅？只有心虚才能容道。"由此可见，假如心中有自己的成见，认为人们不可能征服

二、性格好，命运就有了高度

烦恼，那么，你就听不进他人的箴言了。

每个人一旦降临这个世上，便陷入动荡不定的境遇之中，悲哀、愤怒、忧虑、愧疚和烦恼可能会不间断地困扰着每个人，给人们的精神套上沉重的枷锁。

面对现实的挑战，你能抵御消极情绪的袭击吗？

你能够征服烦恼吗？你能够主宰自己吗？回答是肯定的。只要你相信：问题的症结就在于自己的认知评价系统中。

人们常常会错误地认为，生活的快乐与否，完全取决于外界刺激的大小。外界刺激大，烦恼就大；外界刺激小，烦恼也会随之小。实际上，这中间忽视了一个很关键的问题，就是你自己的头脑对外界刺激的加工。

比如，面对火车晚点这一不良刺激，有些人大发雷霆，急得团团转，焦躁上火；有些人则到服务部买点东西吃，坦然地等待；有些人则坐在候车室给朋友写封信，充分利用一下时间。很显然，这三种不同的反应，绝不是由外界刺激的大小决定的，而是由他们对同一刺激的不同态度决定的。

由此可知，仅仅是环境并不能使我们快乐或不快乐，影响我们心境的是我们对外界环境刺激做出的反应。换句话说，事件本身没有压力，它们是否使我们感到紧张、有压力在于我们以什么样的思考方式和方法去看待它们。

假若你选择悲伤的事，浑身会充满凄凉的感觉；假若你选择恐惧的事，你会感到毛骨悚然，浑身冒冷汗；假若你选择会令自己生病的事情来思考，自然会愁容满面；假若你选择令人喜悦的事情来思考，定是眉飞色舞；假若你毫无信心，失败会接踵而来……因此，只要你充分相信自己，经常梳理自己性格上的不良因素，排解负面和消极的性格因素，永远保持乐观向上的生活态度，就能做自己命运的主人。

成为自己命运的舵手

千万不要选择不适合自己性格的事业,那是失败与苦恼的开端。努力把握一切机会,让成功为自己喝彩。只有你,才是自己命运真正的主宰!

爱默生在一篇谈自信的文章中写道:"要成为一名顶天立地的男子汉,就必须不随波逐流。"当你攀登顶峰的时候,你是站在某个"机构"的最上头,它或许是某个部门、某个工厂、某家公司或某个代理商。爱默生指出,每个渴望成功的人都必须明确地认识到:一个机构就是一个人加长的影子。

在你攀登顶峰的道路上,你不要拒绝别人的帮助。但要记住,从长远来讲,你依然是自己那艘船的船长,掌舵的人仍然是你自己,而这艘船将驶向你要去的地方,你必须是发号施令的人。因为别人的目的地未必是你想到达的目的地,你绝对不能随着他人的节拍而起舞。

当你一路攀向顶峰的时候,当你环顾四周的时候,你会发现自己竟然是如此的孤独,正所谓"高处不胜寒"。这时你或许会突然联想到:"我要依靠谁?我要与谁同行?谁会带领我走过艰辛的一程又一程?"答案只能是:你自己!你一个人在步履蹒跚地朝着目标前进,你所依靠的正是那份独立自主的能力。因此,千万不要去"人云亦云"、"一窝蜂",要不断地努力去做你认为对的事,做那些你在内心觉得应该去做的事。

即使你发现自己是如此孤独,如此与众不同,你仍然应该踏踏实实地去做事,切不可轻言放弃。

你应当遵守的规则是:当你独自在事业以及生活的领域里站稳脚跟

的时候，要确定你不会阻碍他人拥有相同的权利。除了你自己之外，绝对没有一个人对你的命运持有最后的决定权。

如果说你想成功，你必须要做和你性格相匹配的事情，那是你应行使的权力。换句话说，要让自信帮助你而非阻碍你。要根据自己的性格选择适合自己的事业，因为你相信这才是你最想要的。

自信是成功的第一秘诀

自信是一种积极的性格表现，是一种强大的力量，也是一种最宝贵的资源。在人生的旅途上，是自信开阔了求索的视野；是自信催动了奋进的脚步；是自信成就了一个又一个梦想。可以说，没有自信，梦想只会是海市蜃楼；没有自信，生命只会是灰色基调；没有自信，再简单的事都会被认为是跨越不过去的障碍。须知，在生命的长河中，有顺境，也有逆境；有成功的喜悦，也有失败的苦涩。并且，通往成功的道路，绝不会是一帆风顺的，有时会荆棘丛生，甚至会出现断崖，这时，更需要自信心作为我们精神的支柱，否则，成功将与我们无缘。

有一个相貌丑陋的小孩，说话口吃，而且因为疾病导致左脸局部麻痹，嘴角畸形，讲话时嘴巴总是歪向一边，还有一只耳朵失聪。

为了矫正自己的口吃，孩子模仿古代一位有名的演说家，嘴里含着小石子讲话。看着嘴巴和舌头被石子磨烂的儿子，妈妈心疼地抱着他流着泪说："不要练了，妈妈一辈子陪着你。"

懂事的他替妈妈擦着眼泪说："妈妈，书上说，每一只漂亮的蝴蝶，都是自己冲破束缚它的茧之后才变成的。我要做一只美丽的蝴蝶。"

后来他能流利地讲话了。因为勤奋和善良，他中学毕业时，不仅取得了优异的成绩，还获得了良好的人缘。

1992年10月，他参加总理大选，他的成长经历被人们知道了，并赢得了极大的同情和尊敬。他说的"我要带领国家和人民成为一只美丽的蝴蝶"的竞选口号，使他以高票当选为总理，并在1997年连任，人们亲切地称他为"蝴蝶总理"。

他就是加拿大第一位连任两届的总理让·克雷蒂安。

迈克尔·乔丹是世界上最伟大的篮球明星，但是，你能想到吗，在高中的时候，迈克尔·乔丹曾经是篮球队的落选者。他跑去问为什么没被录取，教练说："第一，你的身高不够；第二，你的技术太嫩了。你以后不可能进大学打篮球。"他对教练说："你让我在这个球队练球吧，我愿意帮所有的球员拎球袋，帮他们擦汗，我不需要上场，我只求能跟球队练球，能有跟他们切磋球技的机会。"教练看到他如此热爱篮球，就答应了他的请求。比赛一完，乔丹真的去为别的球员擦汗。

全世界最伟大的篮球明星就是这样从跑龙套起步的。

一个人有了自信，才能克服种种艰难，才能充分发挥自身的才智，从而在事业上做出伟大的成就。

拿破仑就是一个充满自信、具有顽强信念的人。据说，只要拿破仑亲率军队作战，军队的战斗力便会增强一倍。原来，军队的战斗力在很大程度上基于士兵们对统帅敬仰的信心。如果统帅抱着怀疑、犹豫的态度，全军的士气必然会混乱不堪。拿破仑的自信与坚强，使他统率的每个士兵都增加了战斗力。

自信有多大，一个人的成就就有多大；人的成就，决不会超出自信所达到的高度。拿破仑在率领军队越过阿尔卑斯山的时候，面对着严寒峻峭的高山，如果他首先怯阵的话，那么，他的军队永远也不会越过那座高山。所以，坚定不移的自信心，是一切成功之源。

有一次，一个士兵骑马送信给拿破仑，由于马跑得太快，在到达目的地之前猛跌了一跤，那马就此一命呜呼。拿破仑接到信后，立刻写了回信交给那个士兵，吩咐士兵骑自己的马，迅速把回信送走。

士兵看到这匹骏马非常强壮，身上装饰无比华丽，便说："不，将军，我只是一个默默无闻的士兵，实在不配骑这匹华美强壮的骏马。"

拿破仑则严肃地告诉他："世上没有一样东西，是法兰西士兵所不配享有的。"

与上述这个法国士兵具有相同心态的人，世界上到处都有，他们以为自己的地位太低微，自己太不起眼，别人所有的种种幸福是不属于自己的，自己是不配享有的，以为自己是根本不能与那些伟大人物相提并论的。这种自卑自贱的观念，往往成为不求上进、自甘堕落的主要原因。

自信的性格对于立志成功者具有重要意义。有人说：成功的欲望是创造和拥有财富的源泉。人一旦拥有了这一欲望并经由自我暗示和潜意识的激发后形成一种信心，这种信心便会转化为一种"积极的感情"。它能够激发潜意识释放出无穷的热情、精力和智慧，进而帮助其获得巨大的成就。

主宰命运就要相信奋斗

一个人的命运如何，决不是先天注定、决不是上帝主宰。那种抱着宿命论的认识看待命运的人，只会在消极的意识中埋没自己，拖垮自我。须知，任何时候自身的命运都由自己的性格主宰，其最好而又最有效的方法就是奋斗。

有位太太请了一个油漆匠到家里粉饰墙壁。油漆匠一走进门，看到她的丈夫失去了双腿，顿时心怀怜悯。可是男主人一向开朗乐观，油漆匠在那里工作的那几天，他们谈得很投机，油漆匠也从未提起男主人的缺憾。

工作完毕，油漆匠取出账单，那位太太发现在原先谈妥的价钱上打了一个很大的折扣。她问油漆匠："怎么少这么多呢？"油漆匠回答说："我跟你先生在一起觉得很快乐，他对人生的态度，使我觉得自己的境况还不算最坏，所以减去的那一部分，算是我对他表示的一点谢意，因为他使我发现原来自己的生活是这么幸福。"油漆匠的这番话使她淌下了眼泪。因为这个油漆匠也只有一只手。

江灿腾，一位坚持苦学的工人博士，1946年出生在台湾桃园大溪，是当地富裕望族之后。他的父亲在听信算命师的一句话——活不过35岁的宿命下，短短几年内，荒唐地败光家产以享受人生。不过，老天可没让他如愿，过了35岁，江灿腾的父亲仍旧活得好好的！江家自此陷入困境，江灿腾也因此而辍学，开始了打零工贴补家计的日子。他做过水泥小工、店员、工友等，他尝尽人生冷暖。可他并不甘于当一名小工人，在当兵复员考入飞利浦公司后，他自学通过国中、高中的同等学力考试，并于32岁考上师大历史系，自此踏上学术研究之路，于54岁时获得台大史学博士学位。

从工人到博士，江灿腾在家变、失学、癌症折磨等逆境当中，找到了生命的价值，在生与死之间坚定了人生的信念。

约翰·梅杰被称为英国的"平民首相"，这位犀利的政治家是白手起家的典型。他是一位杂技师的儿子，16岁时就离开了学校。他曾因算术不及格未能当上公共汽车售票员，饱尝了失业之苦。但这并没有压垮年轻的梅杰，这位能力十足、具有坚强信心的小伙子终于靠自己的努力摆脱了困境。经过外交大臣、财政大臣等8个政府职务的锻炼，他终于当上了首相，登上了英国的权力之巅。有趣的是，他也是英国唯一领取过失业救济金的首相。

巴尔扎克说："挫折和不幸，是天才的进身之阶、信徒的洗礼之水、能人的无价之宝、弱者的无底深渊。"面对生活中的诸多坎坷和不幸，强者相信奋斗，首先战胜自己；弱者则屈服于自己，只能去被动地相信命运。

高尔基说得好，社会是一所大学。当我们融入社会，当我们积极思考这个社会，当我们为自己在这个社会找到坐标后，我们就有成功的可能。

张海迪身残志坚、自信自强、不息奋斗的故事就感动和激励过无数人。

她曾动过3次大手术，摘除了6块椎板，严重高位截瘫，自第二胸椎以下全部失去知觉。1970年随父母下放至西北农村——莘县十八里堡公社尚楼大队。由于当地农村缺医少药，农民常受病魔的折磨。为了缓解百姓的痛苦，张海迪自学了针灸，为百姓带去了福音。

1973年随父母迁到莘县后，张海迪曾有一段时间待业在家。她阅读了大量的医学专著，积累了丰富的经验，免费为病人诊治疾病。同时，她阅读了大量的中外名著，并自学了外语，为以后文学翻译和创作打下了坚实的基础。1981年她被分配到莘县广播局当无线电修理工，1983年调至山东聊城地区文联创作室工作至今。

多年以来，张海迪以保尔·柯察金的英雄形象鼓舞自己，以惊人的毅力忍受着常人难以想象的痛苦，同病残作顽强的斗争，同时勤奋地学习、忘我地工作。她自修了小学、中学的主要课程，自学了英语、日语、德语和世界语，翻译了近20万字的外文著作和资料。她还用自学的医药知识和针灸技术为群众治病达1万多人次，治好了许多疑难病症。她被群众誉为"80年代的新雷锋"，被团中央评为"优秀共青团员"。1992年获中国作家协会庄重文学奖，1994年获全国奋发文明进步图书奖长篇小说一等奖。1993年她获吉林大学哲学硕士学位。

每个人都是一座金矿，每个人都有无比巨大的潜能，而挖掘者就是自己。

每个人性格中其实都有优点和缺点。如果整天抓着自己的弱点不放,那么你将会越来越弱。我们应该学会突出自己的优势,如此,你将会越来越自信和成功。

很多人把自己性格上的弱点当成自己不能成功的借口,拒绝跳出自己编织的网,也就永远走不出失败的沼泽。要知道:我们每个人都能成功,都能快乐和幸福,但是我们必须学会突出自己的优势,学会将普遍意义上的缺点变成优点,加上自己的努力和智慧,成功就在眼前。

刚毅成就了一个时代

刚毅是一种刚强、硬朗、有血性的性格。具有刚毅型性格的人,勇敢顽强、无坚不摧。在困难与挫折面前他们决不会轻言放弃,而是知难而进、愈挫愈勇。

20世纪80年代的英国,可以说是玛格丽特·撒切尔的时代。

从70年代末期登上大英帝国政治的极巅到90年代初期退位,风风雨雨12载,她以其刚毅的性格、鲜明的个性、超凡的勇气,一次又一次把英国从绝望的困境中引领出来。她3次蝉联英国首相,使萎靡不振、墨守成规的大英帝国焕发起了精神,她对国家以及西方所发挥的影响至今仍令世界震动。撒切尔夫人从默默无闻一跃而为首相,她在其政治生涯上的成功与她固有的性格优势密不可分。

玛格丽特·撒切尔生于1925年10月13日。她并非是富商巨贾之女,也不是名门望族之后。祖父是个鞋匠,外祖父是铁路警察,父亲艾尔费雷德·罗伯茨是个小店主,在英格兰林肯郡的小镇格兰瑟姆经营肉品杂货店;母亲结婚前当过裁缝。在英国,这样出身卑微的女子,要想登上国家的权力之巅，是件不可思议的事情。

即使在玛格丽特当上保守党议员以后，议会里那些出身显赫的政要仍以不屑的口吻说："瞧玛格丽特，她的举止、她的声音、她的容貌，都是中等阶级那一套。"可是性格刚毅的玛格丽特从不因出身寒门而自惭形秽。她回敬嘲讽者道："我就是我，我已被选入议会，我将我行我素。"

中学时代的玛格丽特学习认真、成绩优异。高中毕业后，她报考了牛津大学化学系。

在她18岁那年，即1943年，跨进了牛津大学的门槛。

在英国，大学里的化学系，历来是很少有女学生报考的，玛格丽特决定选读化学系，是她第一次表现出与众多女学生的不同之处——她相信自己能够做好。

按一般常理而论，玛格丽特进入化学系，学的专业是化学，将来一辈子吃化学饭也许是确定无疑的了。她毕业后的第一个职业，就是在一家航空公司塑料部进行塑料表面扩张的研究，干得还相当出色。

1951年12月13日，玛格丽特与丹尼斯·撒切尔结婚了。两年后，玛格丽特生了一男一女双胞胎。玛格丽特在产前已开始攻读法律，产后能否坚持学习，这是对她意志的一次考验。她意识到，如不做出极大的努力，她可能永远不能出来工作了。于是，性格刚毅的她在孩子满月后就恢复学习。孩子生下4个月还在襁褓之时，她即参加律师业的最后考试，被录取为律师。律师比起化学师来，离政治舞台要近得多。玛格丽特正朝着一条通向议会的道路往前走去。

在英国，妇女当律师的并非是个别现象，只不过一般女律师大都是处理诸如离婚等民事诉讼案件罢了。玛格丽特在这一点上又不随大流，她闯进了向来被视为只能由男子管理的部门——税务法官议事室。玛丽格特不仅实现了当律师的夙愿，而且又有了税务法庭的工作经历，这对其步入仕途以及日后的官宦生涯无疑是很有助益的。

1959年，玛格丽特逢到了机遇。当时在芬奇利选区，上届大选以绝对多数当选议员的保守党人克劳德爵士，因家庭原因宣布不再竞选连任。刹那间，希望填补克劳德遗缺的200多位申请者蜂拥而至。然而，他们统统不是玛格丽特的对手。玛格丽特拥有在达特福选区竞选时出色的工作记录，又有多年律师工作的经历，而且她刚毅果敢的性格让别人对她刮目相看。芬奇利选区保守党选举委员会一眼就看中了她。竞选中她击败所有对手，在威斯敏斯特议会大厦赢得一席之地，时年34岁。这是撒切尔夫人政治生涯的新起点。她告别了律师事务所，开始以职业政治家的姿态在议会崭露头角。

1960年初，议会辩论一项由她提出的允许新闻记者参加一些地方议会的议案。这是玛格丽特第一次登上议会讲台。她不用稿子，花了30分钟时间，阐述了很难说清而又容易引起论战的议题。表决时，该议案以压倒多数通过，准予二读。议员们拥向玛格丽特，祝贺她获得成功，连反对该提案的工党议员，也不得不承认说：撒切尔夫人的讲话确实具有那种男性都难以具备的刚毅风格，给人以一种力量性的震撼。

撒切尔夫人很快成为全国的知名人物，她思想敏捷，在议会辩论中，能熟练地引经据典，精确地掌握数字。1961年10月，撒切尔夫人出任麦克米伦内阁的年金和国民保险部政务次官。她作为高级官员参加的第一次重大辩论使人难以忘怀。当时，反对党指责政府没有提高年金。撒切尔夫人在答辩中列举了一系列数字，指出1946、1951、1959和1962这些年里年金的数目，有吸烟者和无吸烟者家庭的生活费用，年金上的支出总额，以及瑞典、丹麦、西德的年金水平。她一口气讲了40分钟，使在座的议员听得目瞪口呆。

自此之后，撒切尔夫人成了保守党日益倚重的人物。1964年保守党政府下台后，她先后被任命为保守党住房与土地事务、财经事务、燃

料与动力事务以及教育问题发言人。1970年保守党重新执政，撒切尔夫人出任教育大臣。1974年保守党在大选中败北，这时候，保守党及其领袖希思先生的处境很不妙，而撒切尔夫人却脱颖而出。

1974年，保守党在大选中失败以后，党内有些人希望他们的领袖希思辞职，让保守党主席怀特洛来重振党的声威。

然而，爱德华·希思是一位志向博大而又有坚忍不拔性格的人。在他看来，当一名出色的首相和做一位出色的丈夫，二者不能兼得。他坚定地选择了前者，始终坚持不婚。1974年大选虽然失败，但他雄心未泯，仍抱着"当一名出色的首相"的宏愿，准备东山再起。

1975年2月，保守党在布莱克普尔举行年会。不管希思愿意与否，年会按例要选举党的领袖，希思是当然的候选人。他手下人放风说：除了希思，眼下无人堪当此任。而希思本人也具有20余年从政的丰富阅历，将近4年的首相经历，以及长达10年的保守党领袖生涯，这也使得希思在党内处于举足轻重的地位，是全党公认的最高权威。因此，要与希思争夺党的领袖地位，一般人都望而却步。

谁料有一天，一位妇女走进了希思的办公室，彬彬有礼地对希思说："阁下，我来向你挑战！"这位妇女正是撒切尔夫人。她经过反复掂量，决定亲自出场同希思一试高低。保守党的一些头面人物，对撒切尔夫人的这种行动方式感到十分惊奇。有人说，这种事通常是在暗地里干的，可她竟然采取如此的坦率行动。

撒切尔夫人在16年的议会生活中所表现出来的刚毅性格，原已博得保守党后座议员的好感，她向希思挑战的勇气和魄力，连前座议员也交口称赞。一些平时对希思不满的保守党人，一下子就倒向撒切尔夫人一边，这更使撒切尔夫人声名大振。

按照选举规则，投票是在保守党下院议员中进行的。当时，保守党在下院共有278名议员，候选人必须得到140票的绝对多数才能当选。

第一轮投票的结果，大大出乎人们的预料，撒切尔夫人获得130票，希思只得119票。两小时以后，希思辞去了保守党领袖的职务。希思败阵之后，希思营垒里马上杀出几员大将来同撒切尔夫人交锋，但是一个星期后举行第二轮投票时，他们比希思输得更惨，怀特洛共得79票，其他3人连20票都没得到。撒切尔夫人遥遥领先，以146票的绝对多数当选为英国历史上第一位女党魁。

当上保守党领袖，打破了这一职位历来由男人垄断的局面，这为撒切尔夫人登上首相之位创造了必不可少的前提。在这以后，这位女党魁开始向她的最终目标——唐宁街10号进发了。

性格刚毅的玛格丽特·撒切尔雄心勃勃，是一位不甘居男人之后的女性。早在1952年，她就在报上撰文，披露抱负，强调妇女应该像男人一样有领导内阁的机会，要打破内阁首相的职位被男人垄断的局面。

1959年踏上政途以后，撒切尔夫人更是到处讲演，为提高妇女的政治地位大造舆论。

撒切尔夫人的性格给其他妇女以某种启迪。她没有显赫门第的册封庇荫，也不具备夫贵妻荣的现成条件。但是，她凭着自己坚强的韧性，在通往权力峰顶的崎岖道路上，硬是把一大群男人甩到了后边。她是一个登上了梯子就一个劲儿地往顶点上爬的女人。

1979年，保守党在大选中获得了胜利，撒切尔夫人当选为英国首相，此消息震撼了英国和欧洲政坛。败北的工党领袖卡拉汉向女王提交辞呈后说："一个女人占据这个位置，这是英国历史上的一件大事。"法国卫生部长西蒙娜·韦伊夫人热烈欢呼撒切尔夫人的胜利，把她的胜利说成是"所有妇女的胜利"。

撒切尔夫人一上台，随即宣布放弃上届工党政府实行的扩大开支、大搞福利主义以刺激需求和生产的凯恩斯主义，大刀阔斧地削减政府开支，推行把控制通货膨胀放在首位、严格控制货币供应量的货币主义政策，她力主要改变战后英国经济的方向。

撒切尔夫人的魄力和雄心是毋庸置疑的，但要到达其设想的彼岸，谈何容易。就在撒切尔夫人夸下"要改变战后英国经济方向"的海口以后不久，英国便陷入了30年代大萧条以来最严重的经济危机。这样一来，女首相的处境便可想而知了。批评、抱怨、咒骂纷至沓来。反对党工党幸灾乐祸，高喊撒切尔夫人的经济政策破产了。

面对这一切，撒切尔夫人没有彷徨徘徊，她坚信，她的政策是"唯一正确"的政策，只要不屈不挠地坚持下去，必定能云开见日。她意识到，在这思想混乱之际，安定内部是首要一环。1981年伊始，她向政府内部怀疑货币主义政策的人士发出了英国政界所说的"警告性射击"，——对内阁做了第一次改组：解除了一名不同意她政策的大臣，提拔了两名坚决支持货币主义政策的人。

撒切尔夫人自己说过，她不是教条主义者，也不是爱走极端的人，而是一位有"坚定信念"的政治家。她相信货币主义，也希望英国人民逐渐认识到，如同著名的美国经济学家斯坦所说的那样，"撒切尔主义不是从一盒同样可口的巧克力糖中挑选出来的夹心糖，而是一颗药丸，明知是苦的，但是当数十年来其他药物都已无效以后，还得服用。"撒切尔夫人为了坚持货币主义的经济政策，披荆斩棘，闯过了一道道险关，经受了严峻的考验，但也得罪了不少人。她的新闻秘书厄姆评论她的货币主义实验时说："这确是一场很大的冒险，如果她的政策成功了，她将成为全体英国人的宠儿；如果失败了，她将比任何人摔得更惨。但能否成功呢？只有上帝知道！"

1981年，是撒切尔夫人执政的第三个年头。在这一年里，女首相的日子是颇不好过的。一方面，为了坚持货币主义政策，她遭到反对党、经济界以至于执政党和政府内部交叉火力的攻击；另一方面，令人头痛的北爱尔兰问题，尤其是桑兹等人绝食身亡，使女首相承受着巨大的国内外压力。

然而，不论来自国际上或政府内外的压力多么大，撒切尔夫人依然故我。

这就是性格刚毅、不达目标誓不罢休的撒切尔。自此，她的"铁娘子"外号便在世界上传开了。不过人们对"铁女人"的理解却迥然不同。赞扬撒切尔夫人的人说，"铁女人是指处事果断，作风泼辣，意志刚毅"；批评者说：此乃指她"强硬好战，刚愎自用，冥顽不化"。而撒切尔夫人自己的解释是，"不是一个人云亦云的政治家，也不是一个实用主义政治家，而是一个有坚强信念的政治家。"

但不管怎么说，撒切尔夫人从一名平凡的人攀升到政治家的高度，她刚毅型的性格是促使她走上政坛直至人生成功的主要原因。

信心是战胜困难的法宝

没有困难的人生是不存在的，没有困难的人生也绝不会精彩。纵览古今，大凡成功的人几乎都是在砥砺和克服重重困难之中而闪耀光环的。须知，困难可以将你击垮，也可以使你坚定振作，这完全取决于你如何看待和处理它。

在日常生活中，我们常常听到有人叹息自己天生笨拙，成不了大器。其实，这种叹息恰恰是性格消极、缺少自信的体现。

梅兰芳年轻的时候去拜师学戏，师傅说他生着一双死鱼眼睛，灰暗、呆滞，根本不是学戏的材料，拒不收留。天资的欠缺没能使梅兰芳退却，反而促使他更加勤奋。他喂鸽了，每天仰望长空，双眼紧跟着飞翔的鸽子，穷追不舍；他养金鱼，每天俯视水底，双眼紧随着邀游的金鱼，寻踪觅影。后来，梅兰芳那双眼睛变得如一汪清澈的秋水，闪闪生

二、性格好，命运就有了高度

辉,脉脉含情,终于成了著名的京剧大师。

有时候,你可能会听到这样的话:"光是像阿里巴巴那样喊:'芝麻,开门!'就想把山真的移开,那是根本不可能的。"说这话的人把"信心"和"希望"等同起来了。不错,你无法用"希望"来移动一座山;也无法靠"希望"实现你的目标。

但是,拿破仑·希尔告诉我们:只要有信心,你就能移动一座山。只要相信你能成功,你就会赢得成功。

关于信心的威力,并没有什么神奇或神秘可言。信心起作用的过程是这样的:相信"我确实能做到"的态度,产生了能力、技巧与精力这些必备条件,每当你相信"我能做到"时,自然就会想出"如何去做"的方法。

有一位了不起的舒勒博士,在他的书里有一句话:"艰苦的岁月绝不长久,对一个不屈不挠的人,它很快就会离你而去。"

玛罗丝女士12岁就得了风湿性关节炎,40多年来,她几乎每天都在与病魔搏斗,后来病情严重到连讲话都很困难。然而,像这样的一个困境,她竟然能够很乐观地去面对,而且还跟主治医师幽默对话,让主治医师都非常佩服。

最令人感动的是,她在这样的境况下,竟然还用了3年的时间,录制完《生命之歌》这样一套录音带。

可见她是一个有使命感的人。她就是想把她的经历、过去自己的困境、奋斗的过程及她对生命的感悟,留给后代的人。能够积极地去面对自己所处的困境,笔者认为,这是非常重要的。

俄罗斯有一句谚语说:"铁锤能打破玻璃,更能锻造精钢。"如果你有像钢铁一样的性格,有足够坚强作为打造的品质去克服人生中的困难,那么这些困难正好可以磨炼你的意志和力量。

让自卑从生活中走开

自信是一个成功的人所必备的素质，而自卑却是阻碍人成功的重大性格缺陷，是人生命历程中不可忽视的性格症结。有自卑感的人常不顾事实地妄自菲薄。其实一切事物都具有自身的优点和弱点，如果因自己的弱点而自卑是最愚蠢的。就现实而言，有的人活得潇潇洒洒，有的人却把自己的人生搞得一团糟。为什么会出现两种截然不同的情况呢？其原因就在于后者为自己的心灵拴上了自卑的枷锁。

从前有个国王，得了一种世界上罕见的奇病。经医生诊断，此病只有喝了狮子的奶以后才能痊愈。可是怎样才能得到狮子的奶呢？大臣们都一筹莫展。

有一个聪明的男孩得知此事后，想出了一个办法。他每天跑到狮子的洞穴附近，给母狮子送一只小羊。到第10天，他和母狮子已经很亲密了，终于顺利地取到了狮子奶，可以给国王当药用了。

可是在去王宫的路上，他自己身体的各部分却吵起架来，闹得不可开交。吵什么呢？原来是争论身体的哪个部位在取奶的过程中最重要。

脚说："如果没有我，就走不到狮子的洞穴，自然就取不来奶。"

手说："如果没有我，拿什么取奶？"

眼睛说："如果没有我，看都看不见狮子，怎么取奶？"

这时舌头也突然加入进来，说："如果不能说话，你们一点儿用处也没有。"

身体其他器官一听，更不服气了，群起而攻之："你舌头没有骨头，完全没有价值，别再妄自尊大了。"

舌头听了，觉得它们说得都对，不由得自卑起来。

进了王宫,到了国王面前,男孩献上狮子奶,国王分辨不出是什么奶,便问那男孩。

男孩子沉默不语。

这时身体其他器官才知道了舌头的重要,连忙向它道歉。于是,舌头才开口说:"这是狮子奶。"

这则寓言故事告诉我们,大自然中的一切事物都是有优点和弱点的,因自己的弱点而自卑是最愚蠢的。如果总是跟自己过不去而产生自卑,那无异于折磨自己。

一位父亲带着儿子去参观梵高的故居,在看过那张小木床及裂了口的皮鞋之后,儿子问父亲:"梵高不是一位百万富翁吗?"父亲答:"梵高是位连妻子都没娶上的穷人。"

过了一年,这位父亲又带儿子去丹麦。在安徒生的故居前,儿子又困惑地问:"爸爸,安徒生不是生活在皇宫里吗?"父亲答:"安徒生是位鞋匠的儿子,他就生活在这栋阁楼里。"

这位父亲是一个水手,他每年往来于大西洋各个港口,这位儿子叫伊东布拉格,是美国历史上第一位获得普利策奖的黑人记者。20多年后,在回忆童年时,他说:"那时我们家很穷,父母都靠出卖苦力为生。有很长一段时间,我一直认为像我们这样地位卑微的黑人是不可能有什么出息的。好在父亲让我认识了梵高和安徒生,这两个人告诉我,上帝没有轻看卑微,我不能因此而自卑。"

富有者并不一定伟大,贫穷者也并不一定卑微。上帝是公平的,他把机会降临到了每个人面前,每个人面临的机会都是相同的。

然而,现实生活中具有自卑性格的人实在是太多了,他们大都因为某种缺陷或短处而特别自卑。我们如果把这些缺陷或短处集中起来,几乎无所不包:什么胖啦、矮啦、皮肤黑啦,什么嘴巴大、眼睛小、头发黄、胳膊细啦,什么脸上长了青春痘、家里没有钱啦,统统都是自卑的理由。

当我们把目光从自卑的人身上转到那些自信的人身上时，便会有新的发现：上帝并不是对他们宠爱有加，让他们全都完美无瑕。如果用身体上某方面的缺陷这样的尺度去衡量，他们身上的种种缺陷也可怕得很。拿破仑的矮小、林肯的丑陋、罗斯福的瘫痪、丘吉尔的臃肿，哪一条都可以让自卑者痛不欲生，可他们却拥有辉煌的一生！

由此看来，自卑其实就是自己和自己过不去。人们为什么老要和自己过不去呢？你不觉得自己身上也有许多可爱的地方、令人骄傲的地方吗？也许你不漂亮，但是你很聪明；也许你不够聪明，但是你很善良。人有一万个理由自卑，也有一万个理由自信。丑小鸭变成白天鹅的秘密就在于它勇敢地挺起了胸膛，骄傲地扇动了翅膀。

自卑的性格是人生道路上的绊脚石，自卑的性格是人生潜在的杀手，它会把人带到生命的尽头，扼杀成功、扼杀幸福、扼杀快乐。为此，在生活中必须挺胸抬头，培育起健康的性格，让自卑从生活中走开，只有这样，生活才会充满阳光。

挖掘性格的宝藏

一名世界冠军，举起他的弓，眼睛锁定30码外的靶心，此时此刻，心无旁骛，除了靶心以外，没有任何事可以吸引他的注意力。他拉紧了弓弦，眼睛注视着目标，沉静而迅速地扫视一遍自己的身体及心理状态，若感觉有一点儿不对，他就放下弓，放松，再重新拉一次。假如一切都检视无误，他只要瞄准靶心，放心地让箭飞出去，就有信心会正中靶心。

从某种角度来说，我们都是射手，都想在生活中一射而中，假想我们锻炼肌肉神经系统,将箭射向靶心,为什么我们不能每次都如愿呢?差别就在于我们处于不同的性格之中。在积极进取的状态时,有自信、自爱、坚强、快乐、兴奋,让你的能力源源涌出。在消极性格作怪时,多疑、沮丧、恐惧、焦虑、悲伤、受挫,使你浑身无力。难怪有人说,我们的环境——心理的、感情的、精神的,完全由我们自己的性格来创造。

性格分两种,积极的性格能发挥潜能,能吸引财富、成功、快乐和健康;消极的性格则能排斥这些东西,夺走生活中的一切。它使人终身陷在谷底,即使爬到了巅峰,也会被它拖下来。积极性格的特点就是信心、希望、诚实和爱心、踏实等,消极性格的特点是悲观、失望、自卑、欺骗等。

第二次世界大战期间,一艘美国驱逐舰停泊在某国的港湾,那天晚上万里无云,明月高照,一片宁静。一名水兵照例巡视全舰,突然停步站立不动,他惊骇地看见一枚触发水雷在不远的水面上浮动着,正随着退潮慢慢向着舰身中央漂来。

他抓起舰内通讯电话机,通知了值日官。值日官马上快步跑来,并在第一时间快速通知了舰长,舰长立即发出全舰戒备讯号。全舰立时动员了起来。

官兵们都愕然地注视着那枚慢慢漂近的水雷,所有人心里都明白:灾难即将来临!

军官们提出了各种办法:起锚行走?不行,没有足够的时间;发动引擎使水雷漂离开?不行,因为螺旋桨转动只会使水雷更快地漂向舰身;以枪炮引爆水雷?也不行,因为那枚水雷太接近舰里面的弹药库。那么该怎么办呢?放下一只小艇,用一支长杆把水雷携走?这也不行,因为那是一枚触发水雷,同时也没有时间去拆下水雷的雷管。悲剧似乎是没有办法避免了。

突然，一名水兵想出了一个绝妙的办法，"把消防水管拿来。"他大喊着。大家立刻明白了，迅速用消防水管向军舰和水雷之间的海面喷水，制造一条水流，把水雷带向远方，然后再用舰炮引爆了水雷。

这个故事至少给予我们这样的启示：每一个人身上都有无穷无尽的创造潜能，每一个人的身体内部都有这种天赋的能力。相信自身的能力，在困境或危机来临之时，就能发挥出你的潜能，并且因而产生积极有效的行动。

自信是成功的秘诀，也是积极性格的力量源泉。拿破仑曾经说过："我成功，是因为我志在成功。"如果没有这一健康的性格，成功是很难青睐于一个人的。

自信的性格可以改变一切

人生是多姿多彩的，因为人们的性格是千差万别的，让自己的人生更加美好是每一个人的愿望。如果一个人拥有自信、乐观的性格，那么无论在什么样的情境下，他的人生都必定会展现出一番美丽的风景。

海伦·凯勒这位几乎全世界人都熟知的盲人成功者，她的成功靠的是什么呢？海伦的回答是："自信的性格可以改变一切！"

海伦刚出生时，是个正常的婴儿，能看、能听，也会呀呀学语。可是，一场疾病使她变成既盲又聋又哑的残疾人——那时她才19个月大。

生理的剧变，令小海伦性情大变。她经常大哭大闹，甚至在地上打滚，乱摔东西。她的表现令父母伤心绝望，同时又束手无策。父母在绝望之余，只好将她送至波士顿的一所盲人学校，特别聘请一位老师照顾她。

所幸的是，小海伦在黑暗的人生旅途中遇到了一位伟大的光明天使

——安妮·莎莉文女士。莎莉文也是一位有着不幸经历的女性。

莎莉文10岁时和弟弟一起被送进孤儿院，在孤儿院的悲惨环境中长大。由于缺少房间，幼小的姐弟俩只好住进放置尸体的太平间。在卫生条件极差又贫困的环境中，幼小的弟弟6个月后就夭折了。她也在14岁得了眼疾，几乎失明。后来，她被送到帕金斯盲人学校学习凸字和指语法，便做了海伦的家庭教师。

从此，莎莉文女士与小海伦的磨合就开始了。洗脸、梳头、用刀叉吃饭都必须耐心地教她。固执的海伦以哭喊、怪叫等方式全力反抗着严格的教育。莎莉文女士究竟是如何以一个月的时间就和生活在完全黑暗、绝对沉默世界里的海伦沟通融洽的呢？

答案是这样的：自我成功与重塑命运的工具是相同的——信心与爱心。

在海伦·凯勒所著的《我的一生》一书中，有感人肺腑的深刻描写：一位年轻的复明者，没有多少"教学经验"，将无比的爱心与惊人的信心，灌注入一位既聋又哑又盲的小女孩身上——先通过潜意识的沟通，靠着身体的接触，为她的心灵搭起一座桥。接着，自信与自爱在小海伦的心里产生，把她从痛苦孤独的地狱中解救出来，通过不懈努力，将潜意识那无限能量发挥出来引导自己走向光明。

两人手携手，心连心，用爱心和信心互相支撑着，经过一段不足为外人道的挣扎，唤醒了海伦那沉睡的意识力量。一个既聋又哑又盲的小女孩，初次领悟到语言的喜悦时，那种令人感动的情景，实在难用笔述。海伦曾写道："在我初次领悟到语言存在的那天晚上。我躺在床上兴奋不已，那是我第一次希望天亮——我想再没其他人，可以感觉到我当时的喜悦吧。"

身为残疾人的海伦，凭着触觉——指尖去代替眼和耳，学会了与外界沟通；她10岁时，名字就已传遍全美，成为残疾人士的模范——一位真正的由弱而强者。

1893年5月8日，是海伦最开心的一天，这也是电话发明者贝尔博士值得纪念的一日。贝尔博士这位成功人士在这一日成立了著名的国际聋人教育基金会，而为会址奠基的正是13岁的小海伦。

若说小海伦没有自卑感，那是不确切的，也是不公平的。幸运的是她自小就在心底里树起了坚定的信心，完成了对自卑的超越。

小海伦成名后，并未因此而自满，她继续孜孜不倦地接受教育。1900年，这个通过语法、凸字及发声器这些手段获得超过常人的知识的20岁姑娘，进入了哈佛大学拉德克利夫学院学习，她说出的第一句话是："我已经不是哑巴了！"她发觉自己的努力没有白费，异常兴奋，不断地重复说："我已经不是哑巴了！"4年后，她作为世界上第一个受到大学教育的盲聋哑人，以优异的成绩毕业。

海伦不仅学会了说话，还学会了用打字机著书和写稿。她虽然是位盲人，但读过的书却比很多视力正常的人还多。而且，她写了7本书。比"正常人"更会鉴赏音乐。

这个克服了常人"无法克服"的残疾的"造命人"，其事迹在全世界引起了震惊和赞赏。她大学毕业那年，人们在圣路易博览会上设立了"海伦·凯勒日"。她始终对生命充满信心、充满乐观、充满热忱。她喜欢游泳、划船，以及在森林中骑马。她喜欢下棋和用扑克牌算命；在下雨的日子，就以编织来消磨时间。

海伦·凯勒，凭着她那坚定的信念，终于战胜了自己，体现了自身的强者价值。

第二次世界大战后，她在欧洲、亚洲、非洲各地巡回演讲，唤起了社会大众对身体残疾者的注意，被《大英百科全书》称颂为有史以来残疾人士中最有成就的由弱而强者。美国作家马克·吐温评价说："19世纪中，最值得一提的人物是拿破仑和海伦·凯勒。"

任何成功者都不是天生的，他们成功的根本原因是开发了人的无穷无尽的潜能，只要你抱着坚定的信念去开发你的潜能，你就会有用不完的力量，你的能力就会越用越强。相反，如果你不求进取，不去开发自己的潜能，那你就只会叹息命运不公，就此沉沦下去。以自信开发无限的潜能，以勤劳获取巨大的成果，这就是成功之道。

主动出击方能战胜失败

按照性格学的理论讲，自信就是相信自己一定能做成自己想做的事。换句话说，就是遇到困难从来不打退堂鼓。

自信的性格不是被动地等待，而是主动地出击。有了自信的性格，能鼓舞士气，渡过难关，能战胜失败，克服恐惧。

威尔逊在创业之初，全部家当只有一台分期付款赊来的爆米花机，价值50美元。第二次世界大战结束后，威尔逊做生意赚了点钱，便决定从事地皮生意。如果说这是威尔逊的成功目标，那么，这一目标的确立，就是基于他对市场需求预测充满信心。

当时，在美国从事地皮生意的人并不多，因为战后人们一般都比较穷，买地皮修房子、建商店、盖厂房的人很少，地皮的价格也很低。当亲朋好友听说威尔逊要做地皮生意时，都异口同声地反对。

而威尔逊却坚持己见，他认为反对他的人目光短浅。他认为虽然连年的战争使美国的经济很不景气，但美国是战胜国，它的经济会很快进入大发展时期。到那时买地皮的人一定会增多，地皮的价格会暴涨。

于是，威尔逊用手头的全部资金再加一部分贷款在市郊买下了很大的一片荒地。这片土地由于地势低洼，不适宜耕种，所以很少有人问津。可是威尔逊亲自观察了以后，还是决定买下了这片荒地。他的预测是，美国经济会很快繁荣，城市人口会日益增多，市区将会不断扩大，必然向郊区延伸。在不远的将来，这片土地一定会变成黄金地段。

后来的事实正如威尔逊所料，不出3年，城市人口剧增，市区迅速扩展，大马路一直修到威尔逊买的土地的边上。这时，人们才发现，这片土地周围风景宜人，是人们夏日避暑的好地方。于是，这片土地价格倍增，许多商人竞相出高价购买，但威尔逊不为眼前的利益所惑，他还有更长远的打算。后来，威尔逊在自己这片土地上盖起了一座汽车旅馆，命名为"假日旅馆"。开业后，顾客盈门，生意非常兴隆。从此以后，威尔逊的生意越做越大，他的假日旅馆逐步遍及世界各地。

威尔逊的经历告诉我们：自信的性格与人生的成败息息相关。

当你相信自己能做出最好的成绩时，你不仅会发现自信心提高，而且会发现自信会有助于你的表现。

斯坦斯佛说："在你停止尝试的时候，那就是你完全失败之时。"性格欠缺自信的人，将终日和恐惧结伴为邻。而越是被恐惧的乌云所笼罩，自我肯定的机会也就越渺茫。

如果我们任由恐惧自由发展，恐惧的阴影就会越来越大；你越是想逃避，它越是如影随形。

有一句至理名言："现实中的恐惧，远比不上想象中的恐惧那么可怕。"多数人在碰到棘手的事物时，只会考虑到事物本身的困难程度，如此自然也就产生了恐惧感。但是一旦实际着手时，就会发现事情其实比想象中要容易且顺利多了。

布朗说："处于现今这个时代，如果说'做不到'，你将经常站在失败的一边。"学着对自己仁慈些，列出一张你胜利和成功的清单。当你想到自己已完成的事时，你对能做的事会更有信心。只有失败者才会把注意力放在失败和缺点上。

自信性格的力量相当惊人，它就像一支强心针，给你注入无比的力量，激励你向着成功迈进。充满自信的人是不会被困难吓倒的，他们才是真正的强者。

自信心是力量的源泉。无数实践证明，否定自己是一种消极的力量，它会吞噬豪情，使人走向失败；而一个有自信性格的人，才会敢谋与善谋，由此就能常常叩开成功之门。

豁达是一种超然洒脱的性格

豁达是一种博大的胸怀，是一种超然洒脱的性格，也是人类个性最高的境界之一。一般说来，豁达开朗之人比较宽容，能够对别人有不同的看法、思想、言论、行为以致对他们的宗教信仰、种族观念等都加以理解和尊重，不轻易把自己认为"正确"或者"错误"的东西强加于别人。他们也有不同意别人的观点或做法的时候，但他们会尊重别人的选择，给予别人自由思考和生存的权利。

人这一辈子也不过百年，与其悲悲戚戚、郁郁寡欢地过，倒不如痛痛快快、潇潇洒洒地活。可人生一世有那么多的风风雨雨、坎坎坷坷，怎样才能活得精精神神的？拥有豁达的性格就是最大的奥秘。

豁达是一种超脱，是自我精神的解放，人要是成天被名利缠得牢牢的，把得失算得精精的，那还谈什么豁达？！人肯定要有追求，追求是一回事，结果是另一回事。你要记住一句话：事物的发生发展都必须符合时空条件，有"时"无"空"，有"空"无"时"都不行，那你就得认了。人活得累，是心累，常唠叨这几句话就会轻松得多："功名利禄四道墙，人人翻滚跑得忙；若是你能看得穿，一生快活不嫌长。"

豁达是一种开朗。豁达的人，心大、心宽、悲痛的情绪，都在嬉笑怒骂、大喊大叫中撕个粉碎。我们要按生活本来的面目看生活，而不是按着自己的意愿看生活。风和日丽,你要欣赏,光怪陆离,你也要品尝,这才自然,如此你就不会有太多的牢骚、太多的不平。不过,"月有阴晴圆缺"对谁都一样,"十年河东,十年河西",一切都会随着时间的推移而变化。阴阳对峙,此消彼长,升降出入,这就是生机,拿这大宇宙,看你这个小宇宙,你能超越得了?

豁达是一种自信,人要是没有精神支撑,剩下的就是一具皮囊。人的这种精神就是自信,自信就是力量,自信给人智勇,自信可以使人消除烦恼,自信可以使人摆脱困境,有了自信,就充满了光明。豁达的人,必是一条敢作也敢为的汉子,那种佝偻着腰杆、委曲求全的人,绝不是自家兄弟。

豁达不是李逵式的自我流露,豁达是性格中最美好的因子,是一种至高的精神境界,说到底是对待人世的态度。苏东坡一生颠沛流离,却是"猝然临之而不惊,无故加之而不怒"。沈从文也好,马寅初也好,一些伟人的跌宕起伏也好,对于人生的种种不平、不幸,都被其博大的胸襟和知识学问所涵盖,以及由善良、忠直、道义所孕育的不屈不挠的生命力所战胜!

坦坦荡荡,大大方方,巍巍峨峨,正正堂堂。

雄雄赳赳,磅磅礴礴,轰轰烈烈,辉辉煌煌。

郭沫若的这首诗是歌颂天安门的,也是对豁达性格的赞美。

豁达大度,宽宏大量

古人曾经说过:"人有德于我,不可忘也;吾有德于人,不可不忘也。"别人对我们的帮助千万不可忘记,别人若有愧对我们的地方也应该乐于忘记。老是对别人的坏处念念不忘的人,实际上受伤害最深的是他自己的心灵。这种人轻则内心充满抱怨，郁郁寡欢；重则自我折磨，甚至不惜疯狂报复，酿成大错，而那些"乐于忘记"的人不仅忘记了自己对别人的好，更难得的是他们忘记了别人对他们的不好，因此他们可以甩掉不必要的包袱，无牵无挂地轻松前进。

　　一个具有豁达大度、宽宏大量性格的人最容易与别人融洽相处，同时也最容易获得朋友。古今中外因为有容人之量而获得他人颂扬的例子数不胜数。

　　唐高宗时期，有个吏部尚书叫裴行俭，家里有一匹皇帝赐予的好马和一个珍贵的马鞍。他有个部下私自将这匹马骑出去玩，结果摔了一跤，摔坏了马鞍，这个部下非常害怕，连夜逃走了。裴行俭派人把他找了回来，并且没有责怪他。

　　又有一次，裴行俭带兵去平都支援李遮匐，结果获得了许多有价值的珍宝，于是就宴请大家；并把这些有价值的珍宝拿出来给客人看，其中有个人把一个非常漂亮的玛瑙盘拿起来欣赏时不小心给打碎了，顿时害怕得不得了，伏在地上叩头请罪。裴行俭说："你不是故意的，起来吧。"

　　因为具有容人之量，受损的一方并没有因自己的损失而大发雷霆，反而表现出宽宏大量、毫不计较的美德和风度。

　　可见，豁达大度是一种超脱，是自我性格力量的解放，是天高云淡，一片光明；也是一种理念，一种至高的精神境界。

　　《论语》中记载了孔圣人有大海般胸怀的种种言行。他说自己"吾少也贱，故多能鄙事。"由于孔子年轻时家庭贫苦，所以各种低贱的事都能干。他说"生而知之者上也"，但说自己"我非生而知之者，好古，敏以求之者也。"他的这种包容万物的好学精神是无所不在的。他说："三人行，必有我师焉，择其善者而从之，择其不善者而改之。"有一次，楚国大夫叶公问他的学生子路，你的老师到底是怎样的一个人？子路一时难以说清，只好回去请教孔子，孔子便说："汝奚不曰：其为人也，发愤忘食，乐以忘忧，不知老之将至，云尔。"其意是说，你何不说：我的老师热衷于学问，有时连饭都忘了吃；如果对一件事感兴趣，就会不知厌倦，而忘掉了一切烦恼忧愁；并且从来不感到自己已渐渐老了，如此而已。孔子待人，更是具有标准的忠恕精神。他的学生说，老师温和中又有严厉，相貌威严但不猛烈，恭敬又不使人受拘束。他自己的观点是"己所不欲，勿施于人"，可以说从不主观处理任何事情。对于世人梦寐以求的富贵，他却有自己独特的观念："不义而富且贵，于我如浮云。"由此可见，孔子称之为圣人，真是受之无愧。

在与人交往过程中，人与人之间由于认识水平不同，有时造成误解，经常会产生矛盾。如果我们能有较大的度量，以谅解的态度去对待别人，这样就会赢得时间，矛盾得到缓和。相反，如果度量不大，即使芝麻大的小事，相互之间也会争争吵吵、斤斤计较，最终伤害了感情，也影响了友谊。

豁达大度说起来容易，实际做起来很难。它要求人们在社交场上，必须抑制个人的私欲，不为一己之利去争、去斗，也不能为了炫耀自己而贬低他人。

偏见往往会使一方伤害另一方。如果另一方耿耿于怀，那关系就无法融洽。反之，受害的一方具有很大的度量，能从大局出发，这样就会使原先持偏见者，在感情上受到震动，导致他转变偏见，正确待人。

历览古今中外，大凡胸怀大志、目光高远的仁人志士，无不大度为怀；反之，鼠肚鸡肠、竞小争微、片言只语也耿耿于怀的人，没有一个是有大作为的。

古人常说："将军额上能跑马，宰相肚里可撑船。"佛界也有一名联："大肚能容，容天下难容之事；笑口常开，笑世间可笑之人。"这些名句、名联正是告诫人们：为人处世要豁达大度。

只要有一种看透一切的胸怀，就能做到豁达大度。把一切都看做"没什么"，才能在慌乱时，从容自如；忧愁时，增添几许欢乐；艰难时，顽强拼搏；得意时，言行如常；胜利时，不醉不昏，有新的突破。只有如此放得开的人，才能算得上豁达大度的人，才能尽显气度与风范，并更容易赢得他人的尊敬。

豁达性格，简言之就是遇事拿得起、放得下、想得开、过得去。顺其自然，不过度、不强求。把握机缘，不刻板、不慌乱。人既共处于群体之中，又孤独于群体之外。时有所得，时有所失；时而欢欣，时而哀怨。人的一生总在矛盾和是非中起伏、摇摆，直至生命终结。练就豁达，唯有宽容。化解矛盾，转危为安。当然，自己慰藉受伤害的心灵，这也并非易事。心理学讲，界定人的幸福安宁与否，豁达同样是一条标准，倘使不去修养锤炼豁达的性格，一切也许会适得其反，事与愿违。人们都知道"性格决定命运"，豁达的性格，自然会让人交好运，驾驭好自己的人生、记得四川青城山玉虚观的山门有一副对联："事在人为，休言万般皆是命；境由心造，退后一步自然宽。"言辞非常贴切，是对"豁达"性格的形象诠释。一个人当真练就豁达的性格时，便有了"会当凌绝顶，一览众山小"的胸怀了，运筹帷幄，把握生机，心地坦荡，顺应自然。

对生活永远要宽容仁爱

对生活充满宽容仁爱的心态，会使你始终能够正确选择对待生活的态度。有了这种积极的性格，你就可以学会如何去正确思考人生，就可以保持一颗轻松平和的心，并能够结合实际环境创造出新的生活方式。在现实生活中，遇到不公平的事情，我们不要烦恼、不要抱怨，要用另一种心态面对不公平，要明白"吃亏是福"的道理。

美国人出外旅游，有一个去处可以不花一分钱，甚至还可能得到一点钱，这个地方便是大西洋赌城。从纽约出发，到那里来回车费才20美元，到达后马上可以得到赌城当局馈赠的15美元现金，还有一顿丰盛的自助餐。第二次来时，凭车票又可以得到8美元的回赠。

这是赌场老板为吸引顾客前来牟利的一个妙计，对赌场来说，顾客是多多益善。人越多，老板赚的越多，因为到赌场来而一毛不拔者寥寥无几，不管赌客运气如何，总体上是赚少赔多。因此，所谓来去不花钱，实际上花费的是赌场老板从顾客身上赚来的零头。

所谓"降价销售"、"有奖销售"、"品尝销售"、"买一赠一"等等，实际上都是"羊毛出在羊身上"的。然而，商战中因此取胜的却很多。看似吃小亏，实则赚大便宜。

当然，在和周围朋友的相处中绝对不赞成用这些招数，但我们要明白，面对不公平时，吃点儿亏也许会给你带来惊喜。

不要再抱怨生活对你的不公平，在现实生活中过多地沉醉于那些公平的思考，已经使我们中的好多人背上了沉重的"渴望平等"的包袱，从而完全演变成一种对生活和自己的苛刻。

有的人总是抱怨自己与别人干的工作一样多，工资却比别人的少；有的人抱怨自己付出的比别人多，得到的却比别人的少……时时抱怨不公平，并由此对这个社会失去了信心。

爱默生说："一味愚蠢地强求始终公平，是心胸狭窄者的弊病之一。"因为我们不可能对人生投"弃权"票，所以就必须在努力争取的同时，学会宽容，才能正视不公平。

有一对一向不和的邻居，各自的田地也相邻，都种了西瓜。王姓邻居勤劳，锄草浇水，瓜秧长势很好；张姓邻居懒惰，不锄不浇，瓜秧又瘦又弱，惨不忍睹。

人比人，气死人。看着对面王姓邻居的瓜长势可人，张姓邻居觉得失了面子。在一天晚上，趁月黑风高，他偷跑过去把王姓邻居家的瓜秧扯断了不少。王家的人第二天发现后，非常气愤，对家人说："咱们要以牙还牙，也过去把他们的瓜秧扯断！"

王家的老人说："他们这样做固然不对，但我们也不能因此就跟着学，那样太小气了。你们照我的吩咐去做，从今天开始，利用晚上时间帮助照看他们的瓜田，让他们的瓜秧也长得好。而且，一定不要让他们知道。"

家里的人觉得老人说得有理，就照办了。

张家的人发现自己家瓜秧的长势一天比一天好起来，觉得奇怪。仔细观察，发现原来是他们的邻居晚上悄悄过来替他们浇水锄草。

张家的人十分惭愧又十分敬佩，深感邻居和好的诚心，于是备礼以示歉意。结果他们成了让人羡慕的好邻居。

俗话说："远亲不如近邻"、"冤家宜解不宜结。"对待不公平的事，一定要理智，不要莽撞地采取行动，那样不但解决不了问题，而且会使相互间关系更加恶化。要用宽容的性格去面对，用平和的心态去面对，它是化解种种不快的至尊法宝，也会使你收获更多。

换个角度看事物

生活中有不少人会整日为一些鸡毛蒜皮的小事，为别人的几句闲言碎语，或为自己的不幸而长吁短叹、忧心忡忡……人生在世，难免会遭遇不愉快，难免会遭遇挫折或不幸，如果一味沉湎于痛苦之中，总是哭丧着脸过日子，生活无疑会凄凉、痛苦、无奈。但如果能豁达一点、洒脱一点，学会换个角度，即学会从理性的方面想一想，便可让自己本来灰暗的心境变得亮堂起来。

世界上的事情总有明暗两面，我们感觉到的究竟是明还是暗，是欢乐还是痛苦，从本质上说，并不完全取决于处境，而主要取决于性格，取决于能否从光明的角度看问题。同一件事情，从这方面看是灾难，换一个角度看未尝不是一种值得高兴的幸运。

有一次，曾担任过美国总统的罗斯福家里不幸失盗，被偷走了许多东西。一个朋友闻讯后，特意写信安慰他。罗斯福给朋友回信时是这样说的："亲爱的朋友，谢谢你来信安慰我，我现在很快乐。感谢上帝，因为第一，贼偷去的是我的东西，而没有伤害我的生命；第二，贼只偷去了我的部分东西，而不是全部；第三，最值得庆幸的是，做贼的是他，而不是我。"

这是多么乐观的一个人！如果此时一味地陷入愤怒、难过的情绪里，也只能是于事无补。换个角度看问题，无疑是一种人生智慧，也是一门幽默的生活艺术，通过自慰实现自娱，化愤怒为快乐，使失望变成希望。

下面是一个发生在教室里的故事：

一位老师走进教室后，默不做声地在白纸板上点了一个黑点。然后，他考问班上的学生："这是什么？"大家异口同声地回答说："一个黑点。"老师故作惊讶地说："只有一个黑点吗？这么大的白纸板大家都没有看见？"

试想：你看到的又是什么？就我们每个人来说，每个人身上都有一些缺点，但是你看到的是哪些呢？是否只看到别人身上的"黑点"，却忽略了他拥有的一大片的白纸板（优点）？其实，每个人的优点都比缺点多得多。如果在我们发现别人缺点的时候，不妨换一个角度想一下别人的优点。那样，便会少点责备，多些宽容！

任何事情都有两面性，有利也有弊。换个角度，便会有不一样的

二、性格好，命运就有了高度

发现。

一个老太太有两个女儿，大女儿嫁给一个开雨伞店的，二女儿家是开洗衣店的。这样，老太太晴天怕大女儿家雨伞卖不出去，雨天又担心二女儿家衣服晒不干，整天忧心忡忡。后来，有人对老太太说："老太太，您真有福气，晴天二女儿家顾客盈门，雨天大女儿家生意兴隆。"老太太仔细一想，还真是！从此，每天无忧无虑，过得十分快乐。

的确，凡事只要换个角度，积极地从好的一面去想，便能发现真正的快乐。如果我们执意地强求一些不可能的事，那岂不是跟自己过意不去吗？那又何必呢？

有一个小男孩在心情不好时喜欢靠着墙倒立。他说："正着看这些人、这些事，我会心烦，所以我倒着看世界，觉得所有人、所有事都变得好笑了，我就会好过一点。"

烦恼时，你无法兼顾其他事物吗？当人陷入绝境中，视野自然会变得狭小，往往只拘泥于自己烦心的事情，对其他事毫不关注。一个人心情烦闷、忧愁时，更要暂时避开眼前的一切，不要钻牛角尖，应将注意力转移到别的事情上进行角色互换，或许会有意想不到的收获。

"要是火柴在你的口袋里燃烧起来，那你应该高兴；要是你的妻子对你变了心，那你应该高兴，多亏她背叛的是你，而不是你的国家。"契诃夫的这段话启迪人们：即使有一千个理由哭泣，更要找出一万个理由微笑。

其实，人之所以不如意、不顺畅、不快活，既源于外在的社会环境，又来自内在的个人心理。人生经历的每一件事，都是一种切身体验、一种心理感受。但是，当外在的因素使个人的境遇有所改变，甚至无法通过自己的力量改变个人的生存状态时，只有运用自己的精神力量，让个人的心理感受调适到最佳状态，而这种精神力量正是来源于豁达的性格。

故此，我们看问题时没必要钻牛角尖，自己跟自己过不去，如果我们尝试着换个角度去看，事情可能就会完全改观。在实际生活中，如果我们能抱持豁达乐观的性格，随时变换看问题的姿势和角度，那么你会发现生活中的阳光是那样的充足与灿烂。

大度的性格是解除疙瘩的最佳良药

智者一切求诸已，愚者一切求诸人。心胸宽广如和煦春风，万物逢之便生；心胸狭窄如阴风朔雪，万物逢之枯零。经常擦拭自己的心窗，使它不为灰尘所蒙蔽，窗明如镜，才能眺望得更高更远。

世上因误解或种种原因，而出现"敌手"的事情是时而有之的，有"敌手"必然会引起心情的不快，并在诸多方面形成障碍。那么，懂得如何化解，便是十分宝贵的。大度的性格是解除疙瘩的最佳良药。

唐朝宰相陆贽在有职有权时，曾偏听偏信，认为太常博士李吉甫结党营私，便将其贬到明州做长史。不久，陆贽被罢相，贬到了明州附近的忠州当别驾。继任宰相明知李、陆有私怨，便玩弄权术，特意提拔李吉甫为忠州刺史，让他去当陆贽的顶头上司，意在借刀杀人，通过李吉甫之手把陆贽除掉。不想李吉甫不计旧怨，上任伊始，便主动与陆贽把酒结欢，使那位现任宰相借刀杀人之计成了泡影。对此，陆贽自然深受感动。他积极出点子，协助李吉甫把忠州治理得一天比一天好。

俗话说：多一个朋友多一条路，多一个敌人多一堵墙。

我们都知道这句话，也明白这个理。但是，一旦知道别人做了对不起自己的事，仍免不了耿耿于怀。看到这个人时，轻则如陌路相逢，视若无睹；重则似仇人相见，分外眼红。有多少人能像李吉甫那样，不计旧怨与仇人把酒结欢呢？

其实，冤冤相报，未必有什么好处：他损害我在先，我怀恨于心在后，于是便费心费神地盯着他，一心想寻个机会，以牙还牙。

但静下心来想一想，报复之后又得到了什么呢？而为一时意气之争，图片刻之快，又会失去多少本该属于自己的快乐和轻松啊！费尽心机去精谋细算，绞尽脑汁来苦苦算计，最终换来的仅仅是别人的敌视与更深的怨恨，实在划不来。

倘若国恨家仇，非报不可。但在现实生活中，我们很难碰上这种人，平素与我们结怨的，多半是为利益冲突而起，或是为意气之争。为小利而结仇，可能损大利；为一时意气而结仇，可能惹大祸，都是得不偿失的事。在不违反做人原则的前提下，以德报怨不失为一种高明的处世之道：即使他与我们曾有过节，我们也应尽力做到不计前嫌；当他大红大紫春风满面时，我们不妨去锦上添花；当他落魄困窘、山穷水尽时，我们不妨雪中送炭，用我们真挚的热情，融化冰封的情感，脱去彼此面容上冷漠的伪装；用我们的大度与宽容，擦去恩怨的污浊，让纯洁的灵魂更加透明。

这样，我们就无须绞尽脑汁、劳心伤神算计别人，也无须紧绷神经，警惕一切动静，防人算计；我们可以不再担心自己得胜之时无人喝彩，也不用害怕陷入危难之际孤立无援。这样处世岂不堂堂正正？这样做人岂不轻轻松松？

林肯当选为美国总统后，他对政敌的态度引起了一位官员的不满。这位官员批评林肯说："你为什么试图跟那些敌人做朋友？你应该想办法去打击他们，去消灭他们才对。"林肯平静而温和地说："难道我不是在消灭我的敌人吗？当他们变成我的朋友时，就没有敌人存在了。"

面对"敌人"，大多数人的看法是毫不留情地把他消灭掉，因为对敌人的仁慈，就是对自己的残忍。这话听起来很有道理。但事实并非绝对如此，正如一位哲人所说的："我们的成功，也是我们的竞争对手造成的。"所以在一定的条件下要像林肯那样，用宽容的眼光去对待"敌人"，用宽容来"消灭"他。

在怎样消灭敌人这件事情上，还有一个人的做法与林肯较为相似，这个人就是拿破仑。

拿破仑对眼前的任何障碍都狂怒异常，对待任何胆敢抗拒他意志的人都严厉无情，可当他获胜时这种态度就全然改变了。他对败军极为仁慈，他真诚地怜悯他们。他经常对手下的人说："一个将领在打了败仗那天是多么可怜！"

以下是一则拿破仑宽容敌人的故事：

有两名英军将领从凡尔登战俘营逃出，来到布伦。因为身无分文，只好在布伦停留了数日。这时布伦港对各种船只看管甚严，他们简直没有乘船逃脱的希望。

对家乡的热爱和对自由的渴望，促使这两名英国人想了一个大胆而冒险的办法，他们用小块木板制成一只小船，准备用这只随时都可能散架的小船横渡英吉利海峡，这实际上是一次冒死的航行。当他们在海岸上看到一艘英国快艇时，便迅速推出小船，竭力追赶。但他们离岸没多久，就被法军抓获。

这一消息传遍整个军营，大家都在谈论这两名英国人的非凡勇气。拿破仑获悉后，极感兴趣，命人将这两名英军将领和那只小船一起带到他面前。他对于这么大胆的计划竟用这么脆弱的工具去执行感到非常惊异，他问道："你们真的想用这个渡海吗？""是的，陛下。如果您不信，放我们走，您将看到我们是怎么离开的。"

"我放你们走，你们是勇敢而大胆的人。无论在哪里，我见到有勇气的人就钦佩。但是你们不应用性命去冒险。你们已经获释，而且，我们还要把你们送上英国船。你们回到伦敦，要告诉别人我如何敬重勇敢的人，哪怕他们是我的敌人。"

拿破仑赏给这两个英军将领一些金币，放他们回国了。

许多在场的人都被拿破仑的宽宏大量惊呆了。只有拿破仑知道，他的士兵们将从这番话中受到怎样的鼓舞，他的人民将如何赞扬他的宽容大度。他似乎已经听到了士兵们震天的呼声以及巴黎民众激动的口号。哲学家卡莱尔说："伟人往往是从对待别人的失败中显示其伟大的。"用豁达宽容的态度去对待你的"敌人"，这样就会表现出你的与众不同之处，也正因为你闪光的人性，使你能得到别人的信任和敌人的佩服，这样你就既赢得了他们的心，也取得了最高层次的胜利。

兵法上说，攻心为上，攻城为下。在与"敌手"的竞争中，能利用自己的大度性格征服对方的心，才是最伟大的胜利，而用大度与宽容擦去恩怨的污浊，让灵魂更加透明，乃是取得这种胜利的必要条件。

三

性格好，幸福就有了感觉

性格是个奇异的东西，千变万化，难以捉摸。抓住一个人的性格，就犹如扣住了他的穴脉。在寻找爱情的漫漫长路中，两个人的性格是否相合是决定这份爱情能否有一个美满结果的关键。所以，想拥有一个美满的婚姻，了解各自的性格状况非常重要。

了解性格在婚姻中的表现

若想拥有一个美满的婚姻，了解你自己的性格与对方的性格非常重要。

心理学家通过对那些恋爱着的人们的观察，根据性格特质的不同，大致将其分为如下几种类型：

1. 冲动型

冲动型的人对爱情的内涵往往不假思索，盲目追求。他们热情有余但理智不足，虽然追求大胆而热烈，但多半是一相情愿。表达心意常常是单刀直入，开门见山；一旦进入恋爱阶段，则情感会显著形之于色。他们通常没有耐性，不善于持续观察对方，急于做结论、下决心。

这种类型的人很容易坠入情网，急于求成，过早地把感情托付于对方，或过早地对对方采取亲昵的举动。其承受挫折力差，一旦受挫，往往心灰意懒、意志消沉，甚至采取偏激的行为。其爱情结局多半不佳，多为失恋和婚姻悲剧的当事人。

2. 活动型

活动型的人易于获得对方好感，他们天性活泼，热情开朗，善于交际，能很快适应新环境；而且机智敏锐，反应灵活，善于捕捉时机向意中人传递爱情讯息。倘若追求顺利，容易醉心于爱情；一旦碰钉子，也不会穷追不舍，而是很快转移目标。

他们独立性差，易受他人及环境的影响，情感的不坚定是这种类型的人最显著的特征；情绪起伏波动，可塑性大，热得快，冷却得也快。但其承受挫折力强，偶有情场失意，虽可能有痛苦，也很快消除。

3. 冷静型

冷静型的人最大特点是善于用理智支配行动。他们情绪成熟，沉着稳重，对待爱情从容不迫、严肃认真，也不鲁莽行事，总是深思熟虑，充分考虑后果。一旦追求，则讲究恋爱艺术，注意方法。他们含蓄、谦恭，说话得体，感情适度，态度持重，不过早流露热情，更不轻易海誓山盟。

冷静型的人善于驾驭爱的激情，能够克制自己。既不放纵自己，又能够冷静地分析、判断、对待和处理恋爱的波折，包括恋爱中的大波折。因为他们了解爱情并不是生活的全部，一个真正成熟的人，应当不断地战胜激情。

4. 执著型

对意中人的追求坚定不移，矢志不渝，是为执著型。他们的目标稳定，难以转移，有自己的主见，不易受环境、讯息的干扰。择偶目标一旦确定，他们就不会轻易改变自己的决定。

他们的情感体验稳定、深刻、有力、持久，虽然反应慢，性格较刻板，但对爱情很专一。此外，他们坚忍不拔、锲而不舍，对自己的意中人一往情深，追求中不惜付出代价。他们具有顽强的意志和不折不挠的毅力，勇于面对困难，不达目的誓不罢休。

5. 浪漫型

浪漫型的人认为，爱情永远都应该像童话中一样浪漫多彩，要么轰轰烈烈，要么刻骨铭心，所以他们期望婚后的生活也应该和恋爱期间一样充满激情。而现实与理想毕竟是有差别的，当他们发现平淡的日常生活和婚前的恋爱并不是一回事时，便怀疑对方"变心"了，于是，情感的摩擦就会导致言语和行为上的冲突。

6. 不成熟型

这类男女在心理和行为上尚未真正成熟，仅仅是过早涉入爱河，甚至偷食禁果，对爱情的理解也不是很深刻。当婚姻、家庭出现问题时，只会一味地向自己的家长寻求支援和指示，却不懂得应该和伴侣一起沟通解决。如果双方父母各不相让，互相指手画脚，在"外力干预"的作用下，两人的婚姻很快就会变得脆弱不堪。

7. 过度挑剔型

他们对伴侣的任何思想行为，哪怕是笑话，都要不断地进行尖锐的批评，反复揭短，使对方无地自容。

8. 过度戏剧化型

此类人对喜怒哀乐，都会做出强烈的反应，喜怒无常，无端地生出许多是非来，致使一些不愉快的问题经常发生，而且难以轻易解决或者自圆其说，结果造成不可挽回的后果。

在现实婚姻中你是一个什么样的人呢？如果你是以上的任何一种类型，希望你在选择对象时认真考虑怎么适应对方。要知道婚姻生活是一件实实在在的事情，它需要两个人在尊重现实的基础上去共同追求美好的东西。如果真的爱他就不要太苛刻，每一个人都是凡人，都有他不完美的地方。包容他的缺点，两人共同努力，相信你的婚姻生活一定会非常美满幸福。

性格决定恋爱模式

性格与恋爱模式不是单一的，而是复杂多变的。可以说，有多少对恋人就有多少种恋爱模式，他们之间的表现总是各有千秋、绚丽多彩。女人活在这个世界上，最怕孤单，最渴望有个和自己相知相爱的男人陪在身边，永远围着自己转，时时牵挂着自己，让自己明白在这个世界上无论发生什么事情，自己都不是孤单的，因为还有一个人关心爱护着自己。爱一个人，被一个人所爱，是一个并不矛盾的过程，并且还是拥有一个充实、完满人生的重要部分。

对于男人来说，善变、爱撒娇的女人常常弄得他们六神无主，他们觉得彷徨、迷茫、不知所措，但是他们又是那么爱自己所爱的女人，那样细心地呵护着她们，为了她们甘愿付出自己的一切。

爱情的路上从来都不是一帆风顺的，恋爱中的两个人都是独立的个体，他们有着彼此完全不同的个性，因此他们之间必然有摩擦、有冲突，所以恋爱中的双方应该首先了解自己有着怎样的性格。

恋爱中的人，往往是盲目的，眼睛里看不到其他的东西，有时甚至看不清自己和自己所爱的人。但是，要想使爱情开花结果，最好要清楚自己正在谈什么样的恋爱或准备谈什么样的恋爱。如果你要的和对方要的不是同一种类型的爱情，那么无论两人如何努力地维持感情，也无法阻止分道扬镳的结局。你和你那一位的恋爱是哪种类型呢？

1. 性欲型

这种恋爱是全身心投入的激烈型恋爱，就像一团熊熊燃烧的烈火。一旦喜欢上一个人，便寝食难安，一心想占有对方，渴望与之化为一体，因此肉体关系发展得很快。但是，爱情之火燃烧得越猛烈，熄灭得也会越迅速。

2. 游戏型

这种恋爱带有轻微的玩火性质，恋爱中游戏的成分重，目的是为了享受恋爱过程中的快乐，像是玩惊险游戏一般，体会追逐的奇妙感觉。这是种极不稳定的爱情，因为追求这种爱情的人大多讨厌受束缚，他们相互尊重对方的隐私，追求简单清淡，所以只适合维持一种像好朋友一样的轻松关系，而不能太过情重。

3. 朋友型

这种恋爱是稳重的成人式恋爱，以诚实和体谅为本，类似于友情，追求心灵的契合，有着共同的人生观，因而交往方式非常稳重。缺乏惊险刺激，可能会略显无聊，但共处时的放松感，能使两人伴侣般的关系长期稳定地维持下去。

4. 家长与孩子型

这种类型的模式，顾名思义，必然是恋爱的一方承担着家长的角色，而另一方则是孩子的角色。承担家长角色的人必然要付出得多一些，他们要照顾任性、依赖的一方。由于在传统观念中，女性总是处于柔弱和依赖的地位，所以在这种类型中，孩子的角色一般由女人来扮演。但是也有很多天性懦弱、容易依赖别人的男人，那么他们在家庭内很有可能扮演孩子的角色，他们在妻子的身上同时也找到了母亲的感觉。

有时在日常生活中，我们还可以看到许多年轻的男性喜欢年龄比自己大的女性，因为在她们身上，他们可以感受到更多的母爱和温暖。相对应的，许多年轻的女性也选择比自己大很多的男性，因为在他们身边，自己会更有安全感。这些都是这种恋爱模式的典型范例。

5. 孩子与孩子型

这种类型的恋爱是不停地吵闹，恋爱双方经常为小事相互生气，发生误会，但过不久就烟消云散、和好如初。他们不管怎样地吵闹，怎样地斗气，双方都会明白彼此的生活离不开对方，对方是最适合自己的。有很多初涉爱河的男女都属于这种类型，当然也有很多双方性格都很活泼、很开朗的人，他们的相处之道就一直如同孩童般纯真和浪漫。这种类型的恋爱模式在外人看来很不保险，随时有倒塌的可能，但是当事人却乐在其中，有着很多旁人不知道的乐趣。

6. 家长与家长型

这种类型与上述的"孩子与孩子型"正好相反，是典型的成人之间的相处模式。在这种类型中，恋爱双方因为有着共同的目标和追求走到了一起，又因为有着共同的兴趣和爱好以及对事情的态度而最终结合，同时他们彼此双方都很重视自己在对方心目中的形象。女性为了增加自己的魅力，有时爱撒娇、赌气，但大多时候她们都很理智，对自己和对方有较深的理解。而男性则表现得很温柔、体贴，对女性很包容。有时他们也会发火、生气，甚至动手，但这就像6月的雷雨，来得猛，去得快，不会影响双方的感情。

猜疑促使夫妻反目

猜疑的性格会使志同道合的合作者分道扬镳，使朋友产生隔阂，使夫妻反目，是生活中常见的一种心理误区。具有猜疑性格的人也因其猜疑而影响生活幸福。

某高校的王教授（男）与张教授（女）是一对好不容易走到一起的再婚老年夫妻，他们都遭受过失去亲人的痛苦，所以特别珍惜这迟来的幸福。每当黄昏，他俩手牵手漫步于江边，畅谈各自的工作、生活和理想。在生活上相互体贴入微，尤其是王教授，为了让张教授集中精力搞好科研，他放弃了不少的休息和娱乐时间，几乎包揽了所有的家务，还利用自己社交广、朋友多、信息灵的优势，在寒暑假帮助张教授的公司联系业务。张教授也经常利用出差的机会买王教授喜欢的书法用品、书法作品送给他。二人在事业上相互帮助，各自的事业都达到了人生的顶峰。二人是再婚，却能如此相濡以沫，令同事、朋友们都很羡慕。但当他俩共同走过一段美好的时光之后，家庭矛盾就凸现出来了，因教子方法的分歧、家庭财产处理不当引发了一系列矛盾。有一次，邻居刘教授借了王教授4000元急用，不久刘教授还钱时，恰好王教授不在家，于是就还给了张教授。但事后张教授却没有把此事告诉王教授。王教授十分生气，他认为与之相濡以沫的妻子正在悄悄地隐匿家庭财产，莫非另有意图，这是一个很危险的信号。他开始猜疑起对方来。夫妻之间一旦失去信任，家庭矛盾就会越积越多，最终成为难以解开的死结。终于张教授拿走了家里的现金、债券、存折、户口，这成为二人的婚姻走向终端的导火线。二人在财产的分割上互不相让，誓死相拼，最终对簿公堂，反目成仇。结果，5年"马拉松"式的官司，耗尽了教授夫妇的宝贵时间和精力，使本应达到事业顶峰的夫妻落到了两败俱伤的惨境。

白发苍苍、老态龙钟、憔悴不堪，其实也才刚过60岁的王教授痛心疾首地对别人说："我好不容易找到一个老伴，也是事业上的好帮手，日子过得有滋有味，如今闹到如此地步，真是得不偿失啊！唉，都是猜疑的性格害了我们。"

相信别人，相信自己，相信这个世界。走出神经质和绝对化的阴影，这样才会拥有那份轻松快乐的心情，才会拥有和谐完美的人生。

恋爱中情人喜欢的性格

恋爱虽是深情和美好的，但有时会出现这样的情况：产生好感只在顷刻之间，即所谓"一见钟情"，而未曾几时，便又会陷入苦恼之中。那么，在恋爱中，什么样的性格才讨人喜欢呢？

男女之间所以会产生爱与被爱的相互关系，那是因为彼此都喜欢对方，而对方也具备讨人喜欢的条件。这种喜欢，就是双方全面地接受对方的一切，同时作为一个人，全面地向对方倾注自己的一切。所以归根结底，恋爱可以说成是：人类基于自己生存的基本需要之一——"性结合"的需要，而产生的自发行为。在性爱这一点上，恋爱有别于父母子女之爱和朋友之间的友情。

这种"性结合"的需要，也称作性冲动。由于在意识上伴随着"眷恋异性"和"烦躁不安"等，所以人们就会用行动来满足这一需要，以消除性紧张心理。因此，无论是自己也好，对方也好，如果仅仅单方面产生了眷恋之情，那还谈不上是恋爱，而只是通常所说的"单恋"或"单相思"——自己一相情愿地喜欢对方罢了。

木村俊夫曾给恋爱下了这样一个定义："由于某个异性的个性令人满意，因此觉得他（她）可亲又可爱，并对他（她）抱有好感，而对其他人则采取排斥的态度，对爱采取独占的态度。也就是说，意欲独自占有对方，并希望为对方所接受，从而与之结合。"

因此，外貌也好，衣着打扮也好，说话时的表情和措词也好，脾气也好，观点也好，对于对方的一切全都感到满意，就成了恋爱的出发点。这种满意，是你心目中所喜欢的异性形象和实际接触到的异性的一切相互作用后所产生的结果。即在性格和智力的基础上，由于人们是凭自己的想象，即以自己理想中的异性形象置换现实中的恋爱对象后才喜欢对方的，所以就会得出对方也"爱着自己"的结论。因此，也许可以这么说，我喜欢对方，完全是喜欢对方性格中的下述因素：自己性格中亦有的因素，通过接触能使自己性格中的不足因素得到补充和趋于完善的因素，还有能促使自己进行自我充实和自我提高并提供机会的因素。

1. 男性喜欢女性的因素

（1）容貌姣好或令人爱怜；

（2）有点像疼爱过自己的母亲或姐姐；

（3）脸长得像电影明星或歌星，富于魅力；

（4）温文尔雅，谦恭有礼，富于同情心；

（5）不知何故，只要和她待在一起，自己的情绪就会安定下来，自己的痛苦和烦恼就会被忘却，甚至还会朦朦胧胧地产生一种无忧无虑

的感觉;

（6）即使男方尽谈论自己的事也从不冲撞，而只是耐心地、笑吟吟地侧耳倾听，并不断地点头表示赞同，而且，这种赞同是真诚的、忠实的;

（7）经常想到男方，不声不响地悉心照顾男方，充满了慈母般的爱;

（8）尽管很有学问，知识水准很高，也不想以此来驳倒男方。凡事注意分寸，尊重男方的意见和立场。即使发表了自己的看法，但最终还是听从男方的意见;

不过，这并非草率行事或天赋不足，在某些方面却是毫不妥协的;尽管神情温和安详，但意志坚强，很有主见;

（9）说话虽然唠唠叨叨，犹如叽叽喳喳的小鸟，但那是讨人喜欢和富于魅力的，而且有可能通过自己的努力使之日趋成熟;

男性就是这样，要求对方在容貌、情致（性格）和智力等方面具有女性的特征。男性只要觉得对方在一定程度上具备了这些特征，似乎就会喜欢对方的。

2. 女性喜欢男性的因素

（1）身材高大、匀称。面孔即使长得不那么英俊，但只要过得去，那也会喜欢的。如果像自己崇拜的明星，那就更好;

（2）给人以高雅、智慧的感觉。不粗野、不轻率、不任性;

（3）对待自己殷勤周到，承认自己的存在，而且尊重自己，绝不采取漠视或轻视的态度;

（4）性格温和，不仅爱抚自己，而且还赞赏自己的亲人和物品，给人以靠得住、有出息的感觉;

（5）遇事与自己商量，不独断专行。即使思路对头，判断正确，表达时也很委婉而尊重;

（6）在工作单位里才能出众，受到人们的尊敬和爱戴；

（7）在学校里认真踏实，读书用功，受到同学和师长的喜欢和信赖；

（8）眼下姑且不论，将来似乎能为社会做出有益的事情来，对此，自己好像也能起到一定的作用。

女性如果觉得对方具有上述男性特征的全部或部分，那么她就会喜欢那个男性。不过，男女之间这种不同的性格特征和心理状态，包含着许多因素，这些因素中既有较固定的，也有发展、变化的，需要恋爱的男女双方正确认识和把握。

夫妻间性格的互补

结婚成为夫妻虽然是男女恋爱基础上的产物，可是结婚和恋爱不同，结婚成为夫妻是实实在在的事情。而且，对于恋爱时摸清的对方的性格，双方在当上丈夫或成为妻子后，就会从另一角度去加以观察，因此往往会产生这样一个问题："他（她）怎么是这样一个人啊？"

社会学者特曼曾就夫妻生活的状况，向许多夫妻进行过调查。后来，他又进行了个性测验和兴趣测验等，从而找到了"关于婚后幸福的心理学要素"。

1. 夫妻生活过得美满幸福的妻子的性格：

（1）待人和蔼；

（2）希望别人对待自己也态度和蔼；

（3）不轻易发怒；

（4）不过分介意于自己给别人的印象；

（5）不认为社会上人与人之间的关系就是竞争关系；

（6）始终愿意与人协作；

（7）即使被分配担任从属性的工作也不抱怨；

（8）能虚心地听取别人的忠告；

（9）愿意为国家、社会和公众服务；

（10）能使人得到教益和愉快；

（11）愿意帮助需要帮助的人和不幸的人；

（12）对待工作一丝不苟，全力以赴；

（13）处理钱财小心谨慎；

（14）在宗教、道德和政治方面有点保守，表现出维护传统的倾向。

2. 夫妻生活过得美满幸福的丈夫的性格：

（1）情绪稳定，不反复无常；

（2）凡事愿意与人协作；

（3）对女性能平等相待；

（4）对下属、晚辈和不幸的人抱有同情心；

（5）不过分考虑自己，性格有点外向；

（6）具有领导能力；

（7）能主动承担责任；

（8）对于细枝末节也能在一定程度上予以注意；

（9）喜欢一丝不苟的工作作风和一本正经的人；

（10）花钱节俭而慎重；

（11）有点保守；

（12）对宗教有好感；

（13）具有恪守性的习俗和其他种种社会习俗。

以上是根据特曼20世纪50年代在对美国婚后生活幸福和睦的夫妻所进行的调查、归纳整理而成的。需要指出的是：并非每一个具备上述性格的男女，都能为自己的配偶所喜欢，而感到自己的婚后生活很幸福。不过，由于他们存在着上述性格倾向，具备为配偶所喜欢的性格，所以他们基本上感到自己的婚姻是美满幸福的。

可以认为，要想使婚姻取得成功，在性格倾向方面应该具备以下三种基本能力。

第一种，感情上比较成熟

能客观地看待自己和别人，正确区分事实与感情，并根据事实而不是光凭感情行事。

第二种，客观性

能客观地看待自己和别人，现实地把握自己和自己所关心的事情，冷静地观察周围的事物。

第二种，能现实地认识结婚

既不把结婚想象得太美好，以为一旦结婚就什么都能办到；也不预想婚后各种问题都能迎刃而解。而是认识到婚姻包含着诸多问题，而且，处于不断的调整变化之中。

对于结婚如果具备了上述三种能力，那在日常的夫妻生活中就自然能做到求大同、存小异，相互悦纳，相互宽容，和谐美满。

矜持的性格会错失爱情

人们常常慨叹：爱情，就是一种缘分，可遇不可求。其实，有时候并不是缺少缘分，而是缺乏勇气和胆量开口说出爱，才错失了缘分。

在现实生活中，有很多人羞于开口向自己的心上人表达爱情，尤其是女性，那过于矜持的性格，往往使她们错过了一生中最美丽的缘分，只给自己留下满心的不舍和永远的遗憾……

向心上人表达爱情，这是一种最甜蜜、最伤神、最微妙的情感活动，时机成熟时，要勇敢、果断地道出你的爱意，让你爱的人知道你的爱，这样，你才能叩开美丽而甜蜜的爱情之门。

1945年，第二次世界大战的战火停息了，在英国伦敦的一个港口，有无数的人拥在那里等待着返回欧洲大陆。突然一个女人在人群中狂呼："我要和那个戴黑帽子的男人说话！"她和那个男人之间隔着层层的人流。于是她的话就像石子在水面上跳跃着被传了过去。那个男人翘首问："她要说什么？"水面就跳过一排："她要说什么？"女人高叫："不要走，我爱你！"传话的人兴奋极了，发自肺腑地把这句话传给下一个人……最后这句话被传给了那个男人，他露出惊喜之色，而后不顾一切地朝那个女人的方向挤去……

如果你爱她，就应勇敢地正视这份爱，并抓住一切可能的机会把你的爱意传达给她。有时候，你需要做的只是站起来，勇敢地走上去，大胆地说出你的爱。

有一项测验表明，现代女性，对男性最欣赏的，不是英俊的外表，也不是潇洒的风度，竟然是胆量！

在一次舞会中，华峰认识了黄彦。舞会上，人头攒动，七彩斑斓，可华峰什么都没看到，就只看到了黄彦。她正漫不经心地站在窗子旁边，素面朝天。华峰看了一会儿，开始了他的行动。他分开舞池中拥挤的舞者，斜对角向她走过去。他步伐坚定、自信，一直没停，一直走到黄彦面前，二话没说拉起黄彦舞到池中。后来，黄彦成了华峰温柔的妻子。

后来黄彦告诉他，当时她并不像他看上去的那么漫不经心，她注意到了华峰。当华峰径直走来时，她的心跳得跟什么似的，在心中默默祈祷："男孩，别停下！男孩，别停！"

不管你是如何出色的一个男子，都很少有女孩子会主动追求你，所以，大部分机会都必须由你自己去抓住才行。

俗话说，失恋总比没有恋爱的好。如果两个人都有太多的自卑心理，都有太多的顾虑，比如：他（她）是不是也喜欢我、他（她）是不是会当面拒绝我、别人知道了会不会笑话我，等等，这种心理常让两个相爱的人擦肩而过，那就太令人遗憾了。

所以，如果遇上自己喜欢的人，一定要让他或她知道，即使受到冷遇也比错过好，一个是短痛，一个则是长痛。

爱情要靠自己努力争取，不要用缘分来解释所有的错过。缘分从来都把握在自己手里。给自己的性格加一点油，低下自己"高贵"的头，大胆、果断、坦率地向心中钟情的她（他）说出："我爱你！"就能获得一份甜美的爱情。

爱前先要了解对方的性格

一个幸福的家庭是靠两个人共同维护的。一个好男人应该能担负起家庭的担子，应该是一个真正的男子汉；而一个好女人应该有责任为家庭营造一个温馨和美的环境。两个人走到一起，就应该为营造一个美满的家庭而努力。所以，在婚姻中如果对方有哪些会影响夫妻感情，或者影响家庭和睦的负面性格或坏脾气，要宽容地接纳，这样两个人才能同心同力，家庭才能幸福美满。

因此，想拥有一个美满的婚姻，了解你自己的性格与对方的性格十分重要。你想知道对方到底有多爱你，就一定要先了解他的性格，免得自作多情或错失良缘。

当人们谈到爱情时，总是向往着浪漫，可是一旦结了婚，就觉得一下子面对现实了，柴米油盐，生活琐事，远不如恋爱时那么罗曼蒂克，那么甜蜜惬意。于是，两个人开始争吵不休或者冷淡以对，再也没有了当初共筑爱巢时的理想了。

其实，不是婚姻变得现实了，而是人的需求变得现实了。恋爱时往往只关注于感情上，恨不能把自己的一切都投入进去。而迈入婚姻后，实际生活需求增多了：女人要求男人才貌双全，有车有房，还要温柔体贴；男人要求女人出得厅堂，入得厨房，还要小鸟依人。不仅如此，还要和别人比较：谁家的丈夫更能赚钱，谁家的妻子更贤惠……如此一来对对方的要求越来越多，而自己付出的越来越少，这样的婚姻自然没有幸福可言。

若想使自己的婚姻家庭和谐，就要让你的需求变得简单，好好回想当初为何选择对方作为人生伴侣。如果是看重他的人品，就不要再要求对方飞黄腾达；如果是因为感情深厚，就不要再要求对方付出一切。自己的性格简单了，心灵的要求就简单了，生活就简单了，婚姻家庭也会变得简单而幸福。

性格与婚姻关系的13种组合

心理学上把人的性格分为黏液质、多血质、抑郁质和胆汁质四种类型。

黏液质：安静、漫不经心、散漫、邋遢、好饮食等。相对于胆汁质的人一受到刺激就哇哇大叫，黏液质的人则反应非常迟钝或冷淡。不过，虽然反应及行动缓慢，但这类人通常诚实且值得信任。由于个性平淡，工作缓慢，所以不太容易紧张。但反面，则有做事动作迟缓、不修边幅、喜好享乐等毛病。可以说，这类型的人多半有点儿利己主义倾向。

多血质：轻率、活泼、喜欢与人交往，不会记恨。很容易答应别人的请求，也很容易忘了约定。有面对困难的勇气，但看到事情不妙也会开溜。能够调整自己的喜怒哀乐，随时保持心理平衡与往前冲刺的状态，一旦成功或受到别人赞赏，就乐不可支。

抑郁质（黑胆质）：这类型的人比较趋向于稳重、沉郁，经常只看到人生的黑暗面。他们多半避免送往迎来的交际活动，也不喜欢和外向活泼的多血质人在一起。甚至看到别人欢天喜地乐不可支时，反而会不高兴。这类人一遇到困难常常心理就失去平衡，一旦心情不高兴，便久久无法恢复正常。

胆汁质（黄胆质）：对于情绪的刺激非常敏感，意志容易动摇，没有耐心，情绪忽冷忽热。这类人喜欢参加各种活动，但想法常常改变，只有3分钟的热度。这类型的人不喜欢被压抑，喜怒哀乐的表现非常明显。不过，他们不像抑郁质的人容易持续某种心情，不论悲伤或愤怒都来得快去得也快。一般而言，这种类型的人既热心也有爱心，做事情很有爆发力。

依上述的分法调查统计，生活中两个人的性格与婚姻的关系大致有如下13种组合。请对照以下组合，看看你和你的另一半属于哪种类型。

1. "黏液质"的丈夫与"黏液质"的妻子：在感情上他们少有纠纷，夫妻两人都十分保守谨慎，是一对很合适的夫妻搭配。

2. "黏液质"的丈夫与"多血质"的妻子：从外表看来是做太太这一方比较强势，但事实上是由做丈夫的紧握着操纵的缰绳。

3. "黏液质"的丈夫与"胆汁质"的妻子：老实又规矩的丈夫很容易被奔放的妻子牵着鼻子走，但是，假如妻子做出了损坏丈夫颜面的事，这些事就会永远成为他们之间的芥蒂。

4. "黏液质"的丈夫与"抑郁质"的妻子：妻子常向丈夫撒娇，丈夫是强者，因此，对于妻子那些出人意料的行动会用充裕的心情去欣赏。丈夫很容易自陷于现实环境,而妻子就是他生命的兴奋剂。

5. "多血质"的丈夫与"多血质"的妻子:这是一对具有如出一辙的顽固而又过于刚直的夫妻,这种夫妻结婚后不久,就会为了压抑对方而持续地战斗下去,不过不管如何争斗,最后通常变成妻子为主导型的情况。

6. "多血质"的丈夫与"黏液质"的妻子:猛然一见,这是一对男人掌权的夫妻型,但是,事实上扶持丈夫站立起来的,正是这位黏液质的妻子。多血质的丈夫,在不知不觉中为妻子而努力奋斗。

7. "多血质"的丈夫与"胆汁质"的妻子:稳重的丈夫和急躁的妻子。总之,男人有男人的气概,女人有女人的样子,但是,假如做丈夫的对妻子压制得太过分,彼此之间的关系就会发生裂痕。

8. "多血质"的丈夫与"抑郁质"的妻子:这是一对迟钝丈夫和敏感妻子的组合,最要紧的是彼此要能相互容纳对方而不要相互挑剔。

9. "胆汁质"的丈夫与"胆汁质"的妻子:这是一对随心所欲、无所忧虑的快乐夫妻,有时候会因没有事先计划而遭遇失败,所以,做妻子的一方似乎必须要多费一点心思来制止某些行动才是。

10. "胆汁质"的丈夫与"黏液质"的妻子:做妻子的很容易被善讲道理的丈夫耍得团团转,做丈夫的全然不去理会遵守世俗常规和稍有点儿虚荣心的妻子,因此,有事没事,两人之间都很容易发生争执。

11. "胆汁质"的丈夫与"多血质"的妻子:一般是妻子掌权的夫妻配对,很具有现实性的妻子并不喜欢耍嘴皮子的"胆汁质"丈夫的哄骗。妻子最好不要太欺压丈夫,免得让家里的男主人变得畏首畏尾。

12. "胆汁质"的丈夫与"抑郁质"的妻子:这是一对充满个性和创造力的夫妻,他们决不会被世俗的那些常规和形式所限制,掌握主导权的是妻子,也有许多把兴趣用到工作上而获得成功的妻子。

13. "抑郁质"的丈夫与"抑郁质"的妻子:这是旁人很难理解的

夫妻配对，他们总觉得彼此都是自己最合适的另一半。必须要特别注意的是，由于彼此太亲密，反而使二人之间的关系变得窒息难通。

不同性格情侣的和美相处之道

维持婚姻，并不表示需要相互改变，而是要接受对方的性格差异。互相挪出属于对方的时间与空间，希望借此找回最初那些吸引双方在一起的差异性格。

实际上，差异的性格是彼此吸引的因素，也是造成夫妇冲突的原因。若要婚姻长久维系，就需要夫妇双方学会如何与自己的伴侣共同生活，进而发挥各自性格的潜能。

男性化的你和女性化的他，他是你人生的最佳导师。一开始两人就互相吸引，先从朋友做起，相处久了自然就会变成情侣。女性化的他喜欢收集各种简报，兴趣广泛，会引领你见识不同的世界，让你觉得很新鲜。刚开始交往时，你会觉得有这样的男朋友很好，他厨艺佳，又懂电脑，并且十分有耐心，什么事都教你，不过他做事很细心谨慎，会觉得你有点儿粗线条。

看到你的包乱七八糟，他会唠叨你："买个化妆包将东西都装进去就不会乱七八糟了嘛！"还会唠叨化妆的事，叫你不要画眼影，像大熊猫一样很难看。你可能会受不了一个大男人竟然如此唠唠叨叨。假如彼此无法包容对方的缺点，将走向分手的局面。男方比较细心，女方就会觉得自己很没用，不过你千万不能有这样的想法。他虽然擅长收集简报，但果决的你擅长做决定，最后他一定是听你的。

此外，他会对你唠唠叨叨，这也是一种爱与关心的表现。要感谢他的用心与细心，谢谢他的开导。你只要跟他说"谢谢你的教导"，他一定会很高兴，一定会更爱你。假如产生争执了，你千万不能得理不饶人，你们要好好沟通，听听他的意见，你千万不能太霸道。

男性化的你和男性化的他，你们彼此互相吸引，很快就陷入热恋。你是男性化的，征服力很强，希望尽快有结果，或许由你主动追求。目的达到后，就会觉得安心。当你们的感情越来越好、越来越深后，反而不像是热恋的情侣，而像是携手走过人生路的伴侣。像情人节、纪念日之类的特殊的日子也忘了庆祝，彼此都忙，见面时间变少，周围人以为你们分手了。不过你们很喜欢这样的交往方式，虽不常见面，但心中都有对方，决不会移情别恋。不过当他被女性化的女性诱惑，可能就是分手的时候了，他觉得你独立，没有他也没有关系。另一个女孩更需要他，因此会离开你。

假如想让这段感情走得长久，你的态度一定要很女性化才行。虽然你的个性很男性化，就算你已经心有结论，还是要找他商量，但一定要有女性的温柔与体贴。不要害羞，勇敢表现醋意，说完后别忘了加上一句"你能听我发牢骚，真好！"

有时，要对他吃醋发发小脾气，勇敢地向他撒娇，不要有事才找他，平时要多联络。不要光聊工作上的事，说些日常琐事更好。总之，一定要让他觉得你就是他的情人。

女性化的你和女性化的他，你们都是被动的人，即使对彼此都有好感，要迈出第一步实在很难，若太被动感情便会毫无进展。你在等他先开口，他也在等你先采取行动，真不知道要等到何时。因此，你要多多制造两人相处的机会，你们两人很合得来，多约会几次自然就能培养出感情，拉近两人的距离。平常问他一些表面的问题，他都会很热心地给你建议，但是假如问到比较深入的问题，他可能会故作冷漠，实际上他是不好意思，怕表现得太热心，会让你看穿他的心思。实际上他很想问你"我在你心目中是何种地位的人，"却不敢说。假如他真的问你，你千万不能故意耍酷地回说"不就是普通朋友吗"之类的话,一定要将诚意拿出来。

你们一定要有共同的兴趣,拥有相同的价值观,这样感情才能长久,才能产生亲密的感觉。还有,不能让他有被束缚的感觉,你要学会运用欲擒故纵的技巧,才能将他自在地掌控在手中。不过也不能太冷漠,如果对他不闻不问,这段感情就会自然降温。你要主动保持联系,但是不能让他有烦的感觉,所以你要好好拿捏尺度。

女性化的你和男性化的他,你们对彼此都颇有好感,很快就坠入情网,彼此都有着深深吸引对方的特质,所以一开始就是在热恋,只要有一方展开追求攻势,马上就是情侣。他对喜欢的女生相当热情,也很会说些甜言蜜语,让你觉得开心。不过你们的占有欲和嫉妒心都很强,但也因为这样,才能随时都像在热恋中。不过交往久了,彼此更习惯、关系更亲密后,可能就会时常起争执。虽然你们是因为男性化和女性化的相异点而互相吸引,一旦争吵时就会觉得对方是不可理喻的人而互相指责。虽然经常吵架,也吵得很厉害,但就是不会分手。

你们的危机出现在热恋后,这时已很习惯彼此了,感情也渐趋稳定,你会觉得无聊,但他却觉得这样稳定发展很不错。不过他可能无法察觉你的想法,约会时也不太会询问你的意见,一切都由他做主,你会觉得他不够尊重你,因此就起争执了。虽然谈恋爱了,还是要各自拥有彼此的朋友,多参加团体活动,才不会相看两相厌。不要总想要绑着他,偶尔放他单飞一下,他会更爱你,感情才能更长久。

只要知道对方的性格,跟同性友人也能和平相处。

一个完美主义者是不太容易委屈自己的,而一个并不完美但偏偏要求爱情完美的人是很痛苦的,因为这是错位的痛苦。一个能冷静客观地看待自身与伴侣的完美主义者是更痛苦的,因为他们知道完美是虚无的,但是却如染上毒瘾一般不能自拔。好比一个人既是一个哲学家又是

三、性格好,幸福就有了感觉

一个诗人一样,这样的人是最痛苦的。

假如一个没有自知之明的完美主义者,尽管会遇到许多的挫折,但是他陷入自己营造的自恋幻境里也许也是一种幸福,这种人便是生活中往往沾沾自喜的人。事实上只有两种人的婚姻是幸福的,一种是智商不太高的人,另一种是大智若愚的人。彻头彻尾的功利主义者或者爱情至上主义者的婚姻只有两个截然相反的结局:幸福或痛苦。

可是,事实上有许多人都是不上不下的世俗之人,因此,许多人的婚姻便有了所谓七年之痒一说:一种不死不活的倦怠,一种鸡肋婚姻、鸡肋爱情,食之无味、弃之可惜的漠然。

婚姻是需要坚强的意志和慎独来摆脱漫长婚姻生活中的诱惑,这种本质注定了婚姻形式悖逆了动物本性的特质。它是最复杂的,几千年来,古今多少哲人智者浩瀚经卷,从刀耕火种发展到外太空文明,但是婚姻还是一个研究不透的谜,成为人们永不厌倦的话题。

幸福的家庭是相似的,不幸的家庭各有难言之隐。夫妻之间之所以会感情破裂,往往在于两人性格的不合。爱情最能改变一个人的性格,有的人会因为爱一个人而一改倔强的脾气,变得很温顺。如果真心相爱,就应该不断地调整各自的价值观,不断地磨合双方的性格,否则只能落个分道扬镳的结局。

有人认为,与性格相近、趣味相投的异性一起生活才能幸福。这没错,但久而久之,也会感到平淡和乏味。两人在一起,贵在性格的互补、磨合和相容。

永远不要由爱生恨

由爱生恨是一种偏执性格,由爱生恨是在消磨爱情。爱情是件易碎品,一旦破碎将很难复原……

当雅琪深深爱着峰的时候，峰没有好好珍惜她，在事业的低谷，他用暴戾和冷漠伤害了爱人的心。当他失去事业，想回头好好对待雅琪的时候，她的爱情已经被消磨尽了……

下面是峰的自述：

4年前，当她跟着我的时候，还是个天真的小女孩，当她从乡下出现在武汉时，让我吓了一跳，我们毕竟只是网友，可是她那么任性地离家出走投奔我来了！

很快，我和雅琪同居了。她很会持家，每天都把家收拾得干净整洁，而我无心顾及这些——我的生意每况愈下，我觉得上天真是对我不公！

我开始夜不归宿地买醉，去夜总会、去唱歌、去吃饭……雅琪委屈地说：你就不能在家陪陪我吗？我醉醺醺地冲她发脾气："滚，别烦我！"雅琪哭了，她说："峰，我对你有信心，我们会好起来的。"我不理她，用疲惫麻醉自己。

那段时间，我过得很消沉，雅琪看不下去了，她偷偷出去找了份服务员的工作，一个月几百元。

月末，她把钱递到我手上："给，你抽烟的钱。"那一瞬间，我真的被她感动了，可没几天，我又颓废下去。

雅琪的妈妈找上门来愤怒地骂道："有这样过日子的吗？连自己都养不起，你还害我女儿？"我无法辩驳，雅琪跪在她妈妈面前："妈，我爱峰，就算是要饭，我也跟定他了！"

后来，我彻底地失业了，而雅琪的工作越做越好。我赋闲在家，我被自卑折磨着，每天像幽魂一样在房间里转来转去，就只等雅琪回来。如果碰上她加班，我就到她单位去等。她开始责备我："你这样等我，让单位的人看了多不好。"我的脾气很暴："你知道外面多复杂，外面的男人都是想玩玩你的，你回家晚了我不放心！"雅琪怒气冲冲地说：

三、性格好，幸福就有了感觉

85

"你胡说八道什么!"

她回家了,很累,想多睡一会儿,我则缠着她问:"你爱我吗?你对我还有信心吗?"从前是她找我说话,现在是我找她,她不理我了。她有次陌生地望着我说:"峰,你好可怕。"

那个午夜,我乱发了一通脾气,摔烂了雅琪的手机,对她大吼大叫,她噙着泪水看着我。后来她告诉我,从那天起,她对我不再有爱,而是可怜。

知道我整日无所事事,亲戚介绍我去浙江打工,我哀求雅琪和我一起去,她的口气很坚决:"不,这里有我的事业。"

我人在浙江,可是心在武汉。我没有一天能安心工作,经历了世态炎凉,我终于明白,拥有这样一个爱我的好女孩是多么幸运的事情。

然而,电话那头,再没有她热情熟悉的话语了。

班是上不下去了,我连夜赶到武汉。雅琪却躲避着我,那天,我等在雅琪单位门口,看见她有说有笑地和同事走出来,我拦住她,她的表情马上痛苦地扭曲了:"峰,我求你,放过我好吗?我们为什么不能好聚好散?"我撕心裂肺地喊:"不!不!没有你,我的生活就没意思了。"

她冷冷地看了我一眼,就要走,我说:"雅琪,如果我要为你去死呢?"她说:"随便你,可是别告诉我。"

那天晚上,我喝了很多酒,在五金店里买了一把刀。站在雅琪宿舍的楼下,我疯狂地喊她的名字,一边用刀狠狠地划进自己的手腕,我冲上四楼,欲从窗户上跳下去……围观的人在骂我,纯粹一疯子!是的,我爱雅琪,爱她爱疯了。

雅琪辞职了,我的纠缠,让她没脸再工作下去,她没了音讯,我知道她还在武汉,她的手机还能打通,可是她和我说的话永远只有那两句:"我不会再原谅你,对你的爱,已经消磨尽了。"

我不相信，那个和我受了那么多苦的雅琪，在我真正想去呵护她的时候，怎么可以离开呢？"失去了才知道珍惜"。这句话是对我现在最好的诠释，我时时刻刻看她的照片，照片已经被我磨破了。我想，她大概再也不会回来了。我的生活也不会再有阳光。

对于自卑者来说，最缺乏的是自我价值感。自卑的性格是个体感受到自我价值被贬低或否定的内心体验。这种贬低或否定，可能来自当事人自己，也可能来自外界评价，但更多的时候是两者兼而有之。而事例中的峰则更多的是自我贬低，他对自己丧失了信心，并把所有的怨气都发泄在了女友身上，最终导致感情的终结。自卑者必须调整对自我的认识角度，并且通过不断的自我发展，建立一种独特的人生优势。唯有从生活中建立起内在的自信，才不会因遭遇挫折、侮辱，而轻易否定自己，才不会做出让亲人寒心的行为。

看准目标，立即行动

埃斯顿和劳迪已经结婚 10 年了，但他们的感情却宛若新婚，令周围的朋友羡慕不已。埃斯顿在工作之余总是主动地分担家务，忙碌之后，两个人总是互诉衷情：埃斯顿非常感激劳迪给了他想要的生活；劳迪也无限憧憬能换到一所大房子里住，那样她将更幸福。劳迪的无心之语成了埃斯顿的心病。他跟自己的好朋友力兹聊天时说出了心中的渴望：想买一所大房子送给劳迪，作为结婚 10 年的礼物。

"那你还等什么呢？"力兹问。埃斯顿沉思着回答："我还没有存够这笔钱。"力兹马上回答："我们周围有很多人生活得不开心，因为他们不知道自己想要什么。你知道你想要什么，没存够钱又有什么关系呢？你有没有试着多走一些路呢？"力兹的话启发了埃斯顿，他立即行动起来。

一个多月之后，力兹被邀参加埃斯顿夫妇的 10 年婚庆。当他按照地址找到埃斯顿夫妇的新家时，劳迪迎上来兴奋地说："我想做的第一件事就是感谢你。"

看到力兹的不解，埃斯顿解释说："我听了你的话，多走了一些路，买了这所新房子。"力兹仍在疑惑地摇头，埃斯顿接着说，"你应该知道，我的存款很有限，而这所房产的价值超过了 50 万元。但我多走路的结果是：不但得到了新房子，而且住在新家的费用比住在旧家的费用还要少些。"

"这是为什么呢？"力兹忍不住问。

"是这样，我抵押了旧房子得到资金，然后买下两层房间，当然在财产上它相当于一所房子。然后再将其中的一层租出去，租金足以偿付整个房产的分期付款。"

故事并不惊人，一个家庭买了两套房，出租一套，自住另一套，这是很普通的事情，但它却有力地说明了：如果你想获得你想要的东西，就要积极准备，一旦看准了目标就立即行动，并且要勇于"多走些路"。

如果你有值得追求的目标，你只须找出达到这个目标的一个理由就行了，而不要去找出你不能达到这个目标的几百个理由。你的性格决定你的心态，你的心态也就决定了你的目标是否能够实现。

四

性格好，存在就有了价值

一个人成功的秘诀是性格与人生价值。性格与人生价值是生命的主体，实现人生的价值与意义就需要培养性格。性格与人生价值的特点是积极进取、不屈服于命运。性格与人生价值观是人生的主体，不同的人，有不同的价值观，也有不同的存在价值。

积极进取才能激发潜能

进取心是点燃追求的火把，是造就成功的强大动力源。它是一个人生命中最奔腾、最神秘的力量。

具有进取性格的人，通常可以激发出身体内的潜能及向命运抗争和挑战的力量。这种永不停息的自我推动力可以激励人们向自己的目标前进，并推动人们去完善自我，追求完美的人生。

美国学者詹姆斯根据其研究成果指出："普通人只开发了自己身上所蕴藏能力的1/10，与应当取得的成就相比较起来，每个人不过是半醒着的。"事实上，每个人的自身都是一座宝藏，都蕴藏着大自然赐予的巨大潜能和无限潜力，只是由于没有进行各种潜能训练，使得我们没有机会将内在的潜能淋漓尽致地发挥出来。在我们身上没有得到开发的潜能，就犹如一位熟睡的巨人，一旦受到激发，便能发挥"点石成金"的力量。

爱迪生小时候曾被学校的老师认为愚笨而失去了在正规学校受教育的机会。可是，他的母亲并没有因此而放弃对他的教育。在母亲的帮助下，经过独特的心脑潜能开发，爱迪生最终成为了世界上最著名的发明大王，一生完成2000多项发明创造，他在留声机、电灯、电话、有声电影等许多项目上进行了开创性的发明，从根本上提高了人类生活的质量。

世界顶尖潜能大师安东尼·罗宾说："并非大多数人命里注定不能成为爱因斯坦式的人物，任何一个平凡的人，只要发挥出足够的潜能，都可以成就一番惊天动地的伟业。"

爱因斯坦是一位举世公认的科学巨匠。在他死后，科学家们对他的大脑进行了科学研究。结果表明，爱因斯坦的大脑无论是从体积、重量、构造或细胞组织上，都与同龄的其他任何人无异，并没有任何特殊性。这充分说明，爱因斯坦成功的"秘诀"，并不在于他的大脑内部比起其他人有多么与众不同，用他自己的一句话总结就是——"在于超越平常人的勤奋和努力以及为科学事业忘我牺牲的进取精神。"

一个人潜能的开发程度取决于他的性格：具有积极进取性格的人，受到推动力的引导和驱使，其潜能能够获得深度的开发，很可能成就一生的梦想；而有着消极懈怠性格的人，无视这种力量的存在，或者仅仅是有时才服从这种力量的引导，因此凡事得过且过，人生也将停滞不前，注定一事无成。

通常情况下，在我们的生活中，大多数的人就像没有被磁化的指南针一样，习惯于在原地不动而没有方向，习惯于依赖既有的经验，认为别人做不到的事情自己也不可能做到，于是便变得安于现状，习惯了按部就班的生活，习惯于从事那些让自己感到安全的事情，习惯于表现自己所熟悉、所擅长的本领，不愿意去改变自己的生活及探索未知的领域。因此，他们根本无法形成积极进取的好性格，自身的潜在能力也就始终得不到发掘，所有的潜能也都在机械的操作中埋没，并随着年龄的增长、机体的变化而渐渐消失了。而只有那些对成功怀有强烈愿望的人，才能够塑造出积极进取的性格，从而才能够突破自我极限，激发内在蕴藏的能力，最终也才会比他人更容易获得成功。

进取心是成功者的助推器

有人说，人的命运是由人的性格决定的。这个观点恐怕是片面的，决定人的命运的因素有很多，性格只能是起决定性作用的因素之一，所以，不能说人的命运是由人的性格决定的。然而，人的性格对于其一生的影响却非同小可，因此，能培养一种积极进取的性格，对于成功的人生有着非常重要的意义。

进取心是成功者的助推器，之所以这样说，是因为当一个人具有不断进取的决心时，这种决心就会化作一股无穷的力量，这种力量是任何困难和挫折都阻挡不了的，凭着这股力量，他会不达目的绝不罢休。

约苏阿·荷尔曼出生在法国的穆尔豪斯，这里是阿尔萨斯棉纺业的中心。他的父亲从事棉纺业的行当，荷尔曼15岁时就到父亲的办公室打杂。他在那儿干了两年，业余时间他就学习机械制图。后来，他到巴黎他叔父的银行里当差两年，晚上他一人默默地学习数学知识。他家的亲属在穆尔豪斯开办了一家小型棉纺厂以后，他被指派在巴黎师从迪索和莱伊两位先生，学习工厂的运作知识。与此同时，他成了巴黎机械工艺学院的一名学生，他在那里听各种讲座，研究学院博物馆中陈列的各种机器。在这样勤奋学习了一段时间之后，他回到了阿尔萨斯，主持在维尔坦新建厂房中的机器安装，并很快完工投入了运行。然而，由于生产遭受了当时发生的一场商业危机的严重冲击后被迫停产，工厂不得不转手他人，这样，荷尔曼回到了他在穆尔豪斯的家中。

在这段时光里，他虽赋闲在家，但心却没有赋闲，他把自己全部精力都投入到发明的探索过程中。他最早的设计是绣花机，设想由20根针头同时工作。经过6个月的辛勤试验后，他成功地完成了他的目标。由于这项发明，在1834年的巴黎博览会上，他获得了一枚金质奖章并被授予骑士勋章。荷尔曼在成功面前并不满足，他要向新的目标挑战。此后，他的各种发明接连而来。而最具创造性的设计之一是一种能同时织出两块天鹅绒式的布料或织出好几层布料的纺织机，这两块布由共同的绒线相连结，但有一把小刀和切割器在纺织的时候把它们分开，当然，他最具创新意识的发明成果是精梳机。

因为原有的粗糙的梳棉机在调制原材料用以进行精细纺织方面效果不理想,特别是在生产更好的纱线方面,更令人不满意,除了导致令人痛心的浪费外,还生产不出优质的产品。为了克服这些弊端,阿尔萨斯的棉纺织业主们曾悬赏5000法郎寻求一部新型的梳棉机,荷尔曼于是开始着手去完成这项任务。其实,他并非是因为这5000法郎才去从事这一发明的,他从事这项发明纯粹是他个人的进取心所驱使。他的一句格言是:"一个老是问自己干这能给我带来多大收益的人是干不成大事的。"真正激发他的创造力的主要因素是他那作为发明家所天生具有的不可遏制的冲动。然而,在精梳机的发明过程中,他所遭遇到的重重困难是他始料未及的。光是对这个问题的深入研究就花去他好几年的时光,与发明活动有关的开销是那么的庞大,他的财产很快就耗费一空,他陷入了贫困的深渊,再也无力从事改善他的机器的努力了。从那时起,他主要仰仗朋友的帮助来度过危机,继续从事发明活动。

当他还陷在穷困的泥潭之中苦苦挣扎之时,他的妻子离开了人世,他一度沉浸在痛苦之中。不久,荷尔曼流落到英国,在曼彻斯特待了一段时间。在那里,他仍不气馁,继续辛勤地从事他的发明活动。后来,他返回法国看望自己的家小。期间,他仍然不停地从事把设想转化为现实成果的活动,他的全部精力都花在这上面了。一天晚上,当他坐在炉边沉思着许多发明家所遭受的艰辛多难的命运,以及因为他们的追求而给家人所带来的不幸时,他无意之中发现他的女儿们在用梳子梳理她们那长长的头发,一个念头突然在他的脑海里产生了:如果有一台机器也能模仿这种梳发过程,把最长的线梳理出来,而那些短线则通过梳子的回旋把它们挡回去,这样就可以使他从困境中解脱出来了。这一发生在荷尔曼生活中的偶然事件由画家埃尔默先生绘制成了一幅美丽的油画,并在1862年举行的皇家艺术展览会上展出。

在这一思路的指导下他开始努力进行设计。之后,他整理出了一种表现上述简单但在实际上却最为复杂的机器梳理工艺技术，在对它进行了巨大的改进工作后，他成功地完成了精梳机的发明。这种机器工作性能的妙处只有那些亲眼目睹过它工作的人才能领略和欣赏到。它的梳理过程同梳理头发过程的相似性是一目了然的，正是这一相似性导致了精梳机的诞生。该机器被描述为"几乎能以人的手指的敏感性来进行活动"。我们从荷尔曼的发明过程中，可以领略到一项真正的成功所包含的艰难和曲折，但是我们更敬佩荷尔曼那坚韧不屈、一往无前的进取精神。正是这种精神才使得我们的世界在创造中不断地展现出动人的魅力。

困难犹如坚冰，有进取心的人可以用热情将它融化，没有进取心的人则会被它冻僵。因此，保持积极进取的性格是我们战胜困难的重要法宝。

不要让消极性格吞噬进取心

拥有积极进取性格的人，能以积极的态度和行为去做事，从而产生出积极的作用来，久而久之，积极的作用就会积小成大，量变的积累致使质变的发生，个人也就更容易走上成功之路了。反之，也应该是这个道理。

人的心中必须将阳光照射进去，使之明媚振奋。如果以消极的阴云覆盖于心，不仅难以激发快乐与进取之心，就连自己也会感到自己是一个可怜而又多余的人。

有位孤独者倚靠着一棵树晒太阳，他衣衫褴褛，神情萎靡，不时有气无力地打着哈欠。一位智者从此经过，好奇地问道："年轻人，如此好的阳光，如此难得的季节，你不去做你该做的事，懒懒散散地晒太阳,岂不辜负了大好时光?"

"唉,"孤独者叹了口气说,"在这个世界上,我除了我自己的躯壳外,一无所有。我又何必去费心费力地做什么事呢?每天晒晒我的躯壳,就是我该做的所有事了。"

"你没有家?"

"没有,与其承担家庭的负累,不如干脆没有。"

"你没有你的所爱?"

"没有,与其爱过之后便是恨,不如干脆不去爱。"

"你没有朋友?"

"没有。与其得到还会失去,不如干脆没有朋友。"

"你不想去赚钱?"

"不想。千金得来还复去,何必劳心费神动躯体?"

"喔,"智者若有所思,"看来我得赶快帮你找根绳子。""找绳子?干嘛?"孤独者好奇地问。"帮你自缢。""自缢?你叫我死?"孤独者惊诧了。

"对。人有生就有死,与其生了还会死去,不如干脆就不出生。你的存在,本身就是多余的,自缢而死,不是正合你的逻辑么?"孤独者无言以对。

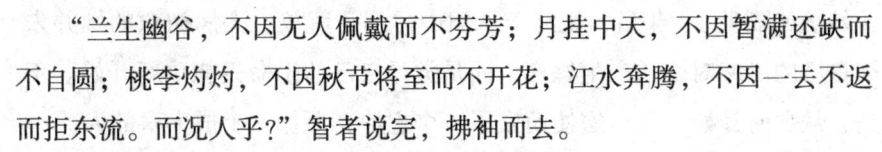

"兰生幽谷,不因无人佩戴而不芬芳;月挂中天,不因暂满还缺而不自圆;桃李灼灼,不因秋节将至而不开花;江水奔腾,不因一去不返而拒东流。而况人乎?"智者说完,拂袖而去。

一个人拥有进取的性格就意味着拥有了良好的思考,并在思考中不断落实和推进自己的人生目标。倘若消极地看待生活,泯灭生活的激情与进取的性格,那么应该是世界上最可悲之人。这种人不仅不可能有所作为,自己贱视自己,而且也会被所有人所贱视。须知,成功之人之所以能成功,就在于有着一种始终不渝而又十分宝贵的进取性格。

任何艰难都会为进取者让路

人生因为有进取之心而变得充实，人生因为有进取之心而变得精彩。进取性格的宝贵意义就在于，它能使你无愧于自己的一生，为自己带来成功和欢乐。

很多成就梦想的人，尽管出身卑微，或身患残疾，或饱受折磨，但是他们仅仅凭借进取心，勇敢地挑起了生活重担，他们充分地开发和利用了生命中被赋予的巨大潜能，从而成就了一生的梦想。

原TCL集团副总裁吴士宏就有着鲜明的进取型性格，她的成功史，是一部坚强女人不畏困难的奋斗史：她没有被疾病吓倒，没有被学习中的困难所累倒，她用超过常人的进取精神催促自己前进，用自信和坚毅与自己赛跑，从中领悟超越自我的含义；她就像高尔基笔下的那只在暴风雨中逆风飞舞的海燕一样，无畏风雨，于苦难中始终奋发向上。

年幼的吴士宏脑子聪明，胆子大，爱运动。不幸的是，一场大病从天而降，打乱了她原本计划好的一切。整整4年，3次报病危，她始终躺在病床上受着病痛与孤寂的折磨。这场使她身心备受折磨的"病"，让她恍如隔世。4年后，她终于从病中得到了解放。大病初愈的她并未因自己的不幸对生活产生怨言，而是觉得自己的生命只能重新开始。于是，从那时开始，吴士宏便萌发了一个想法：要做一个成大事的人。

考大学还有机会，但不属于她。因为她没有钱、没时间。生病的4年没有任何收入却花费很多，就算考上大学，没有工资还得自负生活费，太不现实了。于是，她决定选择一条"捷径"——参加高等教育自学考试来彻底改变自己的生活。对吴士宏来说，自学并不是最高效的方式，是因为别无选择。她有一个目标：把病中耗费的4年时间补回来。她选了科目最少的英文专业。书可以借一部分，要买的只有许国璋4册；要省钱，还可以听收音机。从此，她开始拼命，用自己的进取心和不顾一切的努力去拼搏。吴士宏的英文都是从头学的，花一年半拿下了大专文凭，吴士宏感受最深的两个字是"真苦"！她每天挤出10个小时的时间用在学习上，自考文凭考下来了，她最得意的是"赚"回了点时间。

此后，学业完成后的吴士宏获得了一个意外的机缘到了IBM。一开始她做的是"行政专员"，与打杂无异，什么都干。身处一群无比优越的真正白领阶层中，吴士宏感到了巨大的压力，常常觉得自己没有能力、没有价值。

但吴士宏是一个善于"成长"的人。她始终不断地学习、实践、超越，再学习、再实践、再超越。刚进IBM时，吴士宏几乎什么都不会，连打字都是从头学起，她拼命努力学习一切相关的东西。她开始做销售的时候，感觉到专业知识是第一大障碍，"培训毕业只是个模子，要把客户的具体要求套进去再做出方案来，没那么容易！"在这过程中，她给自己定下了要"领先半步"的目标，时常还有这样的想法，"不把自己累到极点，就觉得不够努力，对不住自己"，吴士宏对自己始终要求严格。因此，吴士宏在办公室里晕倒过，吐过血，犯过心绞痛；还专门在抽屉里备着闹钟，一个星期总有几次熬到凌晨两三点。就这样，在付出了辛苦和心血之后，她终于发展了第一个大客户中远公司。中远的运输公司使用的是IBM主机，外轮代理全部是IBM小型机系列。1994年，吴士宏去了IBM华南公司，她在那里成功地带起了一支队伍，与大家一起成长，一起做出了辉煌的业绩。

历史上，所有的成功者之所以能够激发潜能成就梦想，都是因为他们怀有勇敢面对、大胆挑战生命中那些阻碍他们发挥潜能的缺陷和困难的进取心。当一个人怀有强烈的进取心，那么在他的人生中，无论遭遇

四、性格好，存在就有了价值

恶劣的情况，还是碰到难以克服的障碍，他都会克服一切阻挠，找到出路，并实现人生的价值。英国著名作家弥尔顿的故事就是一个明证：

弥尔顿是17世纪英国的一位伟大的精神斗士。当查理二世妄图复辟的时候，弥尔顿眼疾正重，一只眼视力已在丧失，医生警告他不可劳累，否则将双目失明。但弥尔顿为争取自由深感责无旁贷。他认为此时的英国人需要精神上的支柱，为此他宁可牺牲双眼也要做一个自由思想的卫士。于是，弥尔顿精神亢奋，奋笔疾书写下《为英国人民声辩》一文，痛斥为查理二世鼓噪鸣锣的英顿大学拉丁文教授沙尔马修。不久，这位在瑞典女王里斯第娜宫廷中受宠的大教授因遭弥尔顿的驳斥，大丢脸面，便悄然离去，于1653年去世。而弥尔顿付出的代价则是从此失去了光明，但弥尔顿并没有停止写作和斗争。1660年5月，波旁王朝复辟，查理二世重登王位，"弑君者"克伦威尔的坟墓被掘，尸体被吊上了绞架。而精神上的"弑君者"弥尔顿也同时遭到逮捕。经多方营救，当局才在绞架下当众烧毁了他的两本书，以示惩罚。弥尔顿尽管获释，但此时已痛风病缠身，性情乖戾，但他却再一次不甘失败，以晚年的精力创作了三部不朽的诗作：《失乐园》、《复乐园》、《力士参孙》。

失去光明的卫士，一个凭借进取的性格，坚强地立足于苍茫大地的诗人弥尔顿，在描述自我的境遇时，是这样自勉的："在茫茫的岁月里，我这无用的双眼，再也瞧不见太阳、月亮和星星，男人和女人，但我并不埋怨，我还能勇往直前。"在这样的进取和奋发下，弥尔顿留给了后人不可磨灭的光辉形象。

总之，抗拒苦难，不断进取，奋发向上，是成功者必备的性格特征。在我们的生活中，无论身处恶劣的环境，还是遭遇人生的坎坷，都要如所有成功者一样，直面苦难和不幸，无怨无悔地选择坚强和进取，从而跨越泥潭、走出低谷，实现自己的人生价值。

不要输给自己

　　一个人只有拥有了进取的性格，才能迸发出拼搏的豪情与力量，才不会在绝望的沼泽中彷徨徘徊。倘若一个人泯灭了进取的性格，也就意味着放弃了希望，甚至自己还会把自己推入绝境之中。

　　一支小分队在一次行军中突然遭到敌人的袭击，混战中，有两位战士冲出了敌人的包围圈，结果却发现误入了沙漠中。走至半途，水喝完了，受伤的战士体力不支，需要休息。

　　于是，同伴把枪递给受伤者，再三叮嘱："枪里还有5颗子弹，我走后，每隔一小时你就对着空中鸣放一枪。枪声会指引我前来与你会合。"

　　说完，同伴满怀信心地找水去了。躺在沙漠中的战士却满腹狐疑：同伴能找到水吗？能听到枪声吗？会不会丢下自己这个"包袱"独自离去？

　　黄昏降临的时候，枪里只剩下一颗子弹，而同伴还没有回来。受伤的战士确信同伴早已离去，自己只能等待死亡。想象中，沙漠里秃鹰飞来，狠狠地啄瞎了他的眼睛，啄食他的身体……结果，他彻底崩溃了，把最后一颗子弹送进了自己的太阳穴。

　　枪声响过不久，同伴提着满壶清水，领着一队骆驼商旅赶来，找到了一具尚有余温的尸体……

　　故事中的战士冲出了敌人的枪林弹雨，却死在了自己的枪口下，扼腕叹息之余不免让人警醒：我们奋斗在人生的旅程中，与天斗、与人斗我们不轻易服输，相信只要自己努力就没有什么战胜不了的。然而很多时候，面对恶劣的环境，面对天灾人祸，面对尔虞我诈，是我们在心理

四、性格好，存在就有了价值

上先否定了自己，是我们自己选择了放弃、选择了失败。

在生活的艰难跋涉中我们要坚守一个信念：可以输给别人，但不能输给自己。因为唯一能彻底打败你的不是外部环境，而是你自己。其实，很多人的成功和成材，首先在于他们都有不服输的性格，在任何挫折失败面前，都敢于开逆行船，不屈不挠，沉着奋战。

坚持到底，永不退缩

能坚持到底是一个人具有进取性格的最佳表现。而坚持到底的最佳实例可能就是亚伯拉罕·林肯。如果你想知道有谁从未轻言放弃，那就不必再寻寻觅觅了！

以下是林肯入主白宫的历程简述：

1816年，他的家人被赶出了居住的地方，他必须工作以抚养他们。

1818年，他母亲去世。

1831年，经商失败。

1832年，竞选州议员——但落选了！

1832年，工作也丢了——想就读法学院，但进不去。

1833年，向朋友借一些钱经商，但年底就破产了，接下来他用了17年，才把债还清。

1834年，再次竞选州议员——赢了！

1835年，订婚后很快就要结婚了，但爱人却死了，因此他的心也碎了！

1836年，精神完全崩溃，卧病在床6个月。

1838年，争取成为州议会的发言人——没有成功。

1840年，争取成为选举人——失败了！

1843年，参加国会大选——落选了！

1846年，再次参加国会大选——这次当选了！前往华盛顿特区，他的表现可圈可点。

1848年，谋求国会议员连任——失败了！

1849年，想在自己的州内担任土地局长的工作——被拒绝了！

1854年，竞选美国参议员——落选了！

1856年，在党的全国代表大会上争取副总统的提名——得票不到100张。

1858年，再度竞选美国参议员——又再度落败。

1860年，当选美国总统。

生下来就一贫如洗的林肯，终其一生都在面对挫败：8次参加选举6次都落败，两次经商失败，甚至还精神崩溃过一次。

"此路破败不堪又容易让人滑倒。我一只脚滑了跤，另一只脚也因而站不稳，但我回过头来告诉自己，这不过是滑了一跤，并不是爬不起来了。"在竞选参议员落败后亚伯拉罕·林肯如是说。

只有对一件事执著，才能不断向着目标努力，才能成功。总而言之，成功并无秘诀可言，如果有的话，那就是简单的几个字——具有执著进取的性格。

爱拼才会赢

一个人最大的敌人不是别人，而是自己。一个人只有能够面对生命中的每一次挑战，才能不断地突破超越。因此，挑战自我、不断进取的良好性格是每个人都应当在生活和工作中大力培养的。

世界游泳冠军摩拉里的成长历程，就是一个以积极进取的性格而成长的过程。

1984年的洛杉矶奥运会前夕,摩拉里已经有幸跻身于最优秀的参赛运动员之列。令人遗憾的是,在赛场上,他发挥欠佳,只获得一枚银牌,与冠军擦肩而过。他没有灰心丧气,从光荣的梦想中淡出之后,他把目标瞄准了1988年的韩国汉城奥运会。

这一次,他的梦想在奥运会预选赛上就告破灭,他被淘汰了,跟大多数受挫情况下人们的反应一样,他变得沮丧,把体育的梦想深埋心中,有3年的时间,他很少游泳,那成了他心中永远的痛。

但在摩拉里的心中,自始至终有股燃烧的烈焰,没法子把它完全扑灭,离1992年夏季奥运会还有不到一年时间了,他决定振作起来再次拼搏进取。在属于年轻人的游泳赛事中,30多岁的人就算是高龄了,摩拉里脱离体育运动很久了,再次在百米蝶泳的比赛中与那些优秀的选手们拼搏,似乎就像是拿着枪矛戳风车的唐·吉诃德一样的不自量力。然而,摩拉里丝毫没有沉沦退缩,而是加大运动量刻苦训练。经过10个多月的艰苦努力,终于迎来了比赛的开始。

在预赛中,他的成绩比世界纪录慢一秒多,因此,在决赛中他必须付出更多的努力,他努力地为自己增压打气。在游泳池中,他的速度果然是不可思议的快,超过其他的竞赛者而一路遥遥领先,他不仅夺得了冠军,还破了世界纪录。

在我们身边的许多人,原本可以有所成就或可以更为成功,但生活中却往往不能如愿以偿。这就是因为他们缺乏对自身的认识,缺少了向上的动力和进取心,因而总是画地自限,总是认为生活中的一切似乎都是命中注定的,现实的一切都不可超越,最终使无限的潜能只化为有限的成就。

实际上,一个人能力的提升,往往是在自己和自己的经常较量中得以实现的。每个人完全可以通过自身的不断进取努力来提高自己的能力，突破自我的极限，凭借自己的力量来改变生活。

有一家公司，准备用一年的时间来考察两名推销员，然后提拔一人担任销售部的经理。其中一人一年到头挨家挨户推销产品，最后挣了两万元；另一个人花了一年时间设计并发动了一次大规摸促销活动，这一活动，使公司获利两千万元。两个人所花时间相等，可是第一个人总是担心银行的贷款，另一个人很快得到提升，同时拿到一笔数目相当的奖金。究其原因，是两个人的努力程度不同：

第一个人是盲目地使用时间。他很勤奋，完成了自己的工作任务，让他的上司很满意，他满足于工作使自己的生活衣食无忧。但他并没有长远的规划，不具备担任管理人员的素质。

而第二个人则是合理地利用时间。一年中他在工作中不仅动手，而且动脑。他把工作当成任务也当成获得成功的机遇。他意识到自己有成功的希望并潜心去发展它。他观察到在仅仅能干与干得十分成功之间有很大区别，并决定通过自己的创新进取来弥补这种差异。他正确评估自己的能力，集中精力去发展他所做好的一切。当他遇到困难时，他从不诅咒，而是尽力解决；他寻找市场和顾客的真正需求，力求给予满足；他注意到任何办公室里所做的事情都多以语言交流为基础——书面语言和口头语言，于是他就开始学习掌握语言技巧；他发现事业上最有价值的能力莫过于在多数场合做出正确决定的能力，所以他就潜心研究决策法；他明白不管做任何事情，办法都不是只有一个，他会永远铭记这一点。他尽力让别人需要自己，结果他成了公司必不可少的人，最终获得了提拔。

在我们的生活中，同第一名推销员一样，有着安于现状、不思进取"惰性"的人绝不在少数，尽管他们雄心勃勃，但对如何发挥自身的能力却只有一个模糊的概念。这与其说是没有进取的决心，倒不如说是缺乏实现梦想的想象力。对于采取哪些措施会成就自己的梦想使他们感到迷惑，其结果是：他们常常对自己或对他人或对"制度"满腹牢骚，对自己的潜能画地自限，又因为不知如何消除这一影响而心灰意冷。然而，只要你敢于突破自我，常常会有意想不到的喜悦与收获。

有一个音乐系的学生，向一个极其有名的钢琴大师学习演奏钢琴。授课的第一天，钢琴大师给了他一份乐谱："试试看吧！"

乐谱的难度非常高，学生弹得生涩僵滞，错误百出。

"还不成熟，回去好好练习！"钢琴大师在下课时，如此叮嘱学生。

学生刻苦练习了一个星期，第二周上课时正准备让钢琴大师检验，没想到钢琴大师又给他一份难度更高的乐谱："试试看吧！"却只字未提上周的练习。

于是，学生再次挣扎于更高难度的技巧挑战。然而，第三周，更难的乐谱又出现了。这样的情形一直持续着：学生每一周都在课堂上被一份新的乐谱所困扰，然后把它带回去练习；接着再回到课堂上，重新面对两倍难度的乐谱。即使这样，学生却仍然追不上进度，一点也没有因为上周的练习而驾轻就熟的感觉，学生感到越来越不安、沮丧和气馁。终于，学生再也忍不住了，当大师走进教室的时候，他提出了这三个月来不断折磨自己的质疑。

钢琴大师并没有开口，只是抽出第一次交给学生的那份乐谱递了过去，"弹奏吧！"他以坚定的目光望着学生。

不可思议的事情发生了，连学生自己都惊讶万分，他居然可以将这首曲子弹奏得如此美妙、如此精湛！钢琴大师又让学生试了第二堂课布置的练习，学生依然表现出超高水准的演奏……演奏结束后，学生怔怔地望着钢琴大师，说不出话来。

"如果我任由你表现最擅长的部分，可能你还在练习最早的那份乐谱，就不会有现在进步的程度和超水平的发挥……"钢琴大师缓缓地说。

从上述故事可见，超越自己比超越别人更困难，人都有盲点，尤其是看不清自己的缺点。因此，与自己赛跑是一个艰难的过程，而进取的性格正是进行自我挑战的力量支持。一个人积极地进行自我挑战，本身就是一种莫大的成功。只有懂得不断超越自己的人，才能引领自己的人生走向新的高度。

对于每一个人来说，如果总是不求上进地只是喜欢做一些简易的、不必费心思花力气的事情，或仅满足于一点既得的成绩，那么，能力与水平便会只停留在一个层面上，永远得不到长足的发展。其实，开创生活虽然不是很容易，但却会让我们的人生充实且富有意义，我们虽然无法使时光停止，但是可以停止消极悲观的思想，用进取的性格积极地开发和运用自己的潜能，就一定会到达理想的彼岸。

正视坎坷的人生

许多年前，有一个名叫海菲的人，他恳求老板改变他地位低下的生活，因为他爱上了一位美丽的姑娘，而姑娘的父亲却富有而势利。

不想他的恳求获得了老板——大名鼎鼎的皮货商人柏萨罗的恩准。为了验证他的潜力，柏萨罗派他到一个名叫伯利恒的小镇去卖一件袍子。然而，他却失败了，因为出于一时的怜悯，他把袍子送给了客栈附近一个需要取暖的新生儿。

海菲满面羞愧地回到皮货商那里，但有一颗明星却一直在他头顶上方闪烁。柏萨罗将这种现象解释为上帝的启示，于是，他给了海菲10张羊皮卷，那里面记载着震撼古今的商业大秘密，有实现海菲所有抱负所必需的智慧。

海菲怀揣着这10张羊皮卷，带着老板给他的一笔本金，走向远方，

四、性格好，存在就有了价值

正式开始了他独立谋生的推销生涯。

若干年后，海菲成了一名富有的商人，并娶回了自己心爱的姑娘。他的成就在继续扩大，不久，一个浩大的商业王国在古阿拉伯半岛崛起……

熟悉以上这段文字的人都明白，这是一部奇书的故事梗概，书的名字叫《世界上最伟大的推销员》。作者奥格·曼狄诺，出生于美国东部的一个平民家庭。28岁时他读完了学校课程，有了工作，并娶了妻子。但是后来，由于自己的盲目冲动，他犯了一系列不可挽回的错误，最终失去了自己一切宝贵的东西——家庭、房子和工作，几乎一贫如洗。于是，他开始到处流浪，寻找自己，寻找赖以度日的种种答案。

两年后，他认识了一位受人尊敬的牧师，解答了他提出的许多困扰人生的问题。临走的时候，牧师送给他一部《圣经》。此外，还有一份书单，上面列着11本书的书名，它们是——《最伟大的力量》、《钻石宝地》、《思考的人》、《向你挑战》、《本杰明·富兰克林自传》、《获取成功的精神因素》、《思考致富》、《从失败到成功的销售经验》、《神奇的情感力量》、《爱的能力》、《信仰的力量》。

从这一天开始，奥格·曼狄诺就依照牧师列出的书单，把11本书一一找来仔细地阅读。渐渐地，笼罩在心头那一片浓重的阴云退去了，似有一抹阳光照射进来，他激动万分，终于看到了希望。

人能创造自然界最伟大的奇迹，一旦曼狄诺意识到自己的潜力，便焕发出前所未有的生活热情和勇气。他遵循书中智者的教诲，像一位整装待发的水手，手中有了航海图，瞄准了目标，越过汹涌的大海，抵达梦中的彼岸。

在以后的日子里，曼狄诺当过卖报人、公司推销员、业务经理……在这条他所选择的道路上，充满了机遇，也满含着辛酸，但他已不可战胜，因为，他掌握了人生的准则。当遇到困难，甚至失败时，他都用书中的语言激励自己：坚持不懈，直至成功！终于，在35岁生日那一天，他创办了自己的企业——《成功无止境》杂志社，从此步入了富足、健康、快乐的乐园。

奥格·曼狄诺的成功为他带来了巨大的荣誉，成为美国家喻户晓的商界英雄。曼狄诺没有就此止步，开始著书立说。1968年，他写出了《世界上最伟大的推销员》一书。该书一经问世，即以22种语言在世界各个国家出版，不仅仅是推销员，包括社会各个阶层人士，都被这部作品的风格所深深吸引，人们争相阅读。截至1998年，该书在全球总销量达到1800万册。

凡读过此书、并对作者有所了解的人，都不难看出，海菲其实就是曼狄诺本人的化身，而牧师给他推荐的11本书，则是那10张充满神秘色彩的羊皮卷。

曼狄诺的人生经历使人感慨，如果他没有早年的坎坷，就不会有后来的成就。不平凡的经历是成功的一笔财富，而如果他没有积极进取的性格，没有彻悟人生，不是对生活充满热情，并勇敢面对，也不会克服重重困难，成就他辉煌的人生。

笑对世间起伏事

天有不测风云，人有旦夕祸福，生命之舟始终沉浮不定，我们要笑看人生沉浮："沉"时，志气不能丢；"浮"时，骨气不动摇。一个人拥有乐观的性格与心态，从容淡定地应对人生的沉浮，便能使自己的每一天都过得开心愉快。

很久以前，有一个屡屡失意的年轻人来到寺院，慕名拜访老僧释圆大师。"人生总不如意，苟且活着，有什么意思？"年轻人沮丧地对释圆大师说道。

释圆大师静静地听着年轻人的叹述，随后吩咐小和尚说："这位施主远道而来，烧一壶温水送过来。"过了一会儿，小和尚送来了温水，释圆大师抓了茶叶放进杯子，然后用温水沏了，微笑着请年轻人喝茶。

杯子冒出微微的水汽，茶叶静静地浮着，年轻人不解地询问："宝刹怎么用温水泡茶？"释圆大师笑而不语。年轻人喝了一口细品，不由摇摇头："一点茶香都没有。"释圆大师说："这可是名茶铁观音啊。"年轻人又端起杯子品尝，然后肯定地说："真的没有一点茶香。"

释圆大师又吩咐小和尚说："再去烧一壶沸水送过来。"不一会儿，小和尚便提着一壶沸水进来。释圆大师起身，又取过一个杯子，放茶叶，倒沸水，再放在茶几上。年轻人俯首看去，茶叶在杯子里上下沉浮，丝丝清香不绝如缕，令人望而生津。年轻人欲去端杯，释圆大师作势挡开，又提起水壶注入一线沸水，茶叶翻腾得更厉害了，一缕更醇厚更醉人的茶香袅袅升腾。释圆大师如是注了五次水，杯子终于满了，这时绿绿的一杯茶水端在手上清香扑鼻，入口沁人心脾。

释圆大师笑着问："施主可知道，同是铁观音，为什么茶味迥异？"年轻人思忖着说："一杯用温水，一杯用沸水，冲沏的水不同。"释圆大师点头："用水不同，则茶叶的沉浮就不一样。温水沏茶，茶叶轻浮水上，怎会散发清香？沸水沏茶，反复几次，茶叶沉沉浮浮，最终释放出四季的风韵：既有春的幽静、夏的炽热，又有秋的丰盈和冬的清冽。世间芸芸众生，又何尝不是沉浮的茶叶？那些不经风雨的人，就像温水沏的茶叶，只在生活表面漂浮，根本浸泡不出生命的芳香；而那些栉风沐雨的人，如被沸水冲沏的酽茶，在沧桑岁月里几度沉浮，才有那沁人的清香啊！"

年轻人若有所思，惭愧不已。

浮生若茶，我们何尝不是一撮生命的清茶？命运又何尝不是一壶温水或炽热的沸水？茶叶因为沉浮才释放了本身的清香，而生命也只有遭遇一次次的挫折和坎坷，才激发出人生那一缕缕幽香！

在我们未来的人生旅途中，总会发生许许多多的变化：贫富的变化、环境的变化、工作的变化、身份的变化，所有的变化最终都会引起生活的变化，以至于人生的变化。在变化中，培养自己豁达开朗的性格，用积极处世的心态把握人生，在变迁中体验人生，不断地改变自己的生活目标，调节生活内容，只有这样，生活之舵才不会有所偏移；让自己主动去适应每一次沉浮变幻，未来的生活才有定向。否则，终有一天会迷失方向而不知何去何从。

我们都是平凡人，有时倒霉一点、穷一些是常事，学会豁达、洒脱，摆脱心浮气躁，才会拥有一个幸福安然的人生。

古希腊大哲学家苏格拉底还是单身汉的时候，曾经和几个朋友住在一间只有七八个平方米的小屋里，可他一天从早到晚总是乐呵呵的。

有人问他："那么多人挤在一起，连转个身都困难，有什么可高兴的？"

苏格拉底说："朋友们在一块儿，随时都可以交换思想，交流感情，这难道不是很值得高兴的事儿吗？"

过了一段时间，朋友们一个个成家了，先后搬了出去。屋子里只剩下了苏格拉底一个人，但是他每天仍然很快活。

那人又问："你一个人孤孤单单的，有什么好高兴的？"

苏格拉底说："我有很多书啊！一本书就是一个老师，和这么多老师在一起，时时刻刻都可以向它们请教，怎能不高兴呢！"

几年后，苏格拉底也成了家，搬进了一座大楼里。这座大楼有7层，他的家在最底层。底层在这座楼里是最差的，不安静、不安全，也不卫生。上面总是往下面泼污水，丢死老鼠、破鞋子、臭袜子和杂七杂八的脏东西。那人见他还是一副喜气洋洋的样子，好奇地问："你住这样的房间，也感到高兴吗？"

"是呀！"苏格拉底说，"你不知道住一楼有多少妙处啊！比如，进门就是家，不用爬很高的楼梯；搬东西方便，不必花很大的劲儿；朋友来访容易，用不着一层楼一层楼地去叩门询问。特别让我满意的是，可以在空地上养花种菜。这些乐趣，真是数之不尽啊！"

过了一年，苏格拉底把一层的房间让给了一位朋友，这位朋友家有一个偏瘫的老人，上下楼很不方便。他搬到了楼房的最高层——第七层，可是他每天仍是快快活活的。

那人揶揄地问："先生，住第七层楼也有很多好处吗？"

苏格拉底说："是呀，好处多着呢！仅举几例吧：每天上下几次，是很好的锻炼机会，有利于身体健康；光线好，看书写文章不伤眼睛；没有人在头顶干扰，白天黑夜都非常安静。"

对于每一个人来说，生活中遇到不幸的事情是再正常不过的，如果你始终对不幸耿耿于怀，快乐就永远不会回来。因此，只有培养自己豁达乐观的性格，笑对人生起伏的处世心态，淡化不幸，抓住眼前的快乐，才会让生命重放光彩。

独具慧眼，见人之所未见

对于独具慧眼之人，成功的机会无处不在，其原因就在于他们善于发现。比如，在一般人看来，废物就是废物，早点处理掉唯恐不及，更不用说利用废物去开拓市场了。可是，如果你能在大多数人都否定的事物上利用自己灵活的性格，善于动脑筋，慧眼独具，见人所未见，便可以创造出令人意想不到的新事业来。

如何利用废物，以发挥其最大效益，斯塔克可谓是棋高一招。

美国德州有座很大的女神像，因年久失修，当地州政府决定将它推倒，只保留其他建筑。这座女神像历史悠久，许多人都很喜欢，常来参观、照相。推倒后，广场上留下了几百吨的废料：有碎渣、废钢筋、朽木块、烂水泥……既不能就地焚化，也不能挖坑深埋，只能装运到很远的垃圾场去。200多吨废料，如果每辆车装4吨，就需50辆车，还要请装运工、清理工，这至少得花25000美元。没有人为了25000美元的劳务费而愿意揽这份苦差事。

斯塔克却独具慧眼，竟然在众人避之唯恐不及的情况下，大胆地谋划，将差事揽在自己头上。因为在他看来，这些"废物"真正是无价之宝。他来到州政府有关部门，说愿意承担这件苦差事。他说，政府不必花费25000美元，只需拿20000美元给他就行了。他完全可以按要求处理好这批垃圾。

合同当场就签订了。斯塔克还得到一个书面保证：不管他如何处理这批废物垃圾，政府都不干涉，不能因为看到有什么成果而来插手。

斯塔克请人将大块废料破成小块，进行分类；把废铜皮改铸成纪念币；把废铅做成纪念尺；把水泥块做成小石碑；把神像帽子弄成很好看的小块，标明这是神像的著名桂冠的某部分；把神像嘴唇的小块标明是她那可爱的嘴唇，装在一个个十分精美而又便宜的小盒子里，甚至朽木、泥土也用红绸垫上，装在玲珑透明的盒子里。更为绝妙的是：他雇了一批军人，将广场上这些废物围起来，引来了许多好奇的人围观。大家都盯着大木牌上写的字：

"过几天这里将有一件奇妙的事情发生。"是什么奇妙事？谁也不知道。

有一天晚上，由于士兵松懈，有一个人悄悄溜进去偷制成的纪念品被抓住了。这件事立即传开，于是报纸电台广播纷纷报道，大加渲染，立即就传遍了全美。斯塔克神秘的举动引起了人们极大的好奇心。

这时，斯塔克便开始推出他的计划。他在盒子上写了一句伤感的话："美丽的女神已经去了，我只留下她这一块纪念物。我永远爱她。"

斯塔克将这些纪念品出售，小的1美元一个，中等的2.5美元，大的10美元左右。卖得最贵的是女神的嘴唇、桂冠、眼睛、戒指等，150美元一个，很快被抢购一空。

斯塔克这一举动在全美刮起了一股极其伤感的"女神像风潮"，他从一堆废弃泥块中净赚了12.5万美元。

从斯塔克的成功，可以使我们联想到，在激烈的市场竞争中最宝贵的就是精明善思、胸怀韬略，用智能去开拓未来的市场，如此，才能立于不败之地。

性格灵活的人，大都是独具慧眼的人，他们往往能看到别人所看不到的潜在机遇，并能避开竞争的热点而轻松地占得先机。

五

性格好，思想就有了境界

思想决定行为，行为决定习惯，习惯决定性格，性格决定命运。什么样的性格决定了你什么样的命运。性格中有很多观念的问题，需要你的思想去判断哪个更有理，你就会接受，渐渐地影响自己的行为，因此你的命运就能发生改观了。

沉静是人生的一种境界

　　沉静是智慧的一块美玉，沉静是人生的一种境界。有人由于不能保持沉静安详的心境而失去了人生的芬芳，有人由于控制不住火药般的性格而葬送了甜美的生活。如果我们能够很好地改善自己的性格，宁静淡泊，便能体会出一种清凉和喜悦。

　　现实生活中，每个人的内心世界或多或少地都有一些不平衡。某人赚了钱，某人升了官，某人买了车，某人盖了别墅……有人说："我本来比他们强，可我却不如他们风光体面！"对比产生了心理不平衡，而这种心理不平衡又驱使着人们去追求一种新的平衡。倘若在追求新的平衡中，你能不昧良知、不损害别人，自觉接受道德的约束和限制，通过正当的努力、奋斗去实现人生的自我价值，达到一种新的平衡，倒也是值得称道和庆幸的；倘若在追求新的平衡中，不择手段，毫无廉耻，丧失道义，膨胀自私贪欲之心，让身心处于一种失控的状态中，那么就必然会产生一些意想不到的可怕后果。由此，人生会将陷入难以回旋的败局之中。

　　布鲁克原先曾是个表现不错、工作很能干也很有实力的地方官员，因政绩突出不断受到提拔。但在最近几年，当他知悉过去的同事、同学的生活条件都比他好时，心里总不是滋味，想想自己的能力至少不比他们差，职位也比他们高，可钱却比他们少。而且自己作为一地之长，担子比他们重，责任比他们大，工作也比他们辛苦，经济上却不如他们，深感不平衡，由此也就有了一定要超过他们的想法。于是在他任职期间，大肆收受贿赂。这样，他思想上警惕的闸门在不平衡心理的驱动之下终于倾斜了，欲望的洪水顿时倾泻而下，一发不可收，最终成了一名

"死缓"的囚犯。

弗尔克是一名年轻的教师，原先在教学上精益求精、兢兢业业，对学生无私奉献，赢得学生和家长的一致好评。但在一次朋友聚会的晚宴上看见一些人很富有时，心里便不舒服起来，此后他总在想，我怎样才能富有？于是，他经常利用上班的时间做发财的梦，开始对教书不负责任。学生和家长意见很大，他受到了学校的黄牌警告，但他毫不悔改，每天还是盲目地想着发财，一次，在一个朋友的鼓动下去做走私生意而被抓获。其结果是财没发成，还沦为阶下囚。

不平衡使得一部分人心里自始至终处于一种极度不安的焦躁、矛盾、激愤之中。使他们牢骚满腹、不思进取，工作中得过且过、和尚撞钟、心思不专，更有甚者会铤而走险、玩火烧身，走上了危险的钢丝绳。

我们必须要走出不平衡的心理误区，以沉静的心态对待生活，保持一颗平常心，摈弃一些不该有的贪念，生活才能安定而美好。

当今时代的诱惑越来越多，让人难以静心养性。拥有一颗平常心，保持一种沉静的性格，对生活在物欲横流的社会中的人们显得越来越重要。这里所说的"静"不是妥协，不是退让，而是一种调节、一种超脱、一种升华。做人多一些"静"趣，就少一些纷争；多一分祥和，就少一分灾祸。"静"能疏于功名利禄，将人生硝烟祛而化之；"静"是人生的一种境界，得其精髓，人生就能少有挫折，多有收获。要让自己静下来，就要不断地对自己进行性格方面的磨砺。磨砺是一个动态过程，与静的心境相得益彰，会使我们的生命日臻完美。

五、性格好，思想就有了境界

沉静的性格游刃于天地之间

具有沉静性格的人必定理智，而理智的人懂得把握时机，因而能够对事物做到合理的选择与取舍。他们忍耐力极强，从不被眼前的得失冲昏头脑，目光长远，运筹千里，从而也就无懈可击。曾国藩就是其中的代表。

曾国藩是历史上具有多元影响的人物。他本来的性格是近乎刚愎自用型的，由于数十年如一日的修炼，经历了人情练达、世事空明之后，他的性格具有刚柔相济、平静祥和的理智型性格的特征。观其一生，历经数次磨难，而终能矢志不渝。临危不乱、处变不惊的风范，使他屡败屡战、以柔克刚，从而能位极人臣，成为后人津津乐道的、以修炼品格而改变人生之路的典型人物。曾国藩一生历尽周折，最终走出湘江大地，成为中兴名臣。他得心应手地驾驭着各种权力，含蓄而随机应变，因此成就了最大、最全的自己。他的处世方式历来为人们所称道。他的成功取决于他性格上的刚柔并济。

刚柔并济的性格是曾国藩的本性。而他性格中的平和沉静是靠后天锤炼出来的，正是锤炼出来的这种性格改变了他的命运，成就了他一生事业的辉煌。

自咸丰兴军以来，团练四起，权在督抚，清廷早已形成外重内轻的局面，而湘军在当时尤有举足轻重的地位。而当天京攻破以后，曾氏兄弟的威望更是如日中天，达到极致。曾国藩不但头衔一大堆，且实际上指挥着30多万人的湘军，还节制着李鸿章麾下的淮军和左宗棠麾下的楚军；除直接统治两江的辖地，即江苏、安徽、江西三省之外，同时浙江、湖南、湖北、福建、广东、广西、四川等省也都在湘军将领控制之下；湘军水师游弋于长江，掌握着整个长江水面，并且控制着赣、皖等省的厘金和几个省的协饷。当时湘军将领已有几十人位至督抚，凡曾国藩所举荐的人，或道府、或提镇，朝廷无不授予。这时的曾国藩可谓位及三公、权倾朝野，举手一投山摇地动。清王朝的半壁江山掌握在他的手中。这样的时刻，这样的境地，曾国藩今后的政治走向如何，各方面都在对他加以猜测。已经有统治中原200多年历史经验的清王朝，只是一时不得不容忍；来自权贵的忌妒怨尤、飞短流长也是意料中的事；更有一些忠于曾国藩的利禄之徒，极力怂恿曾国藩开创大举，自己称帝。何去何从，抉择摆在曾国藩的面前。然而，此时的曾国藩已不是只知刚硬的年轻人了，几十年的磨炼和洗涤，曾国藩已将近于刚愎的倔强变成了理智，他深谙历史，深知自己"用事太久，兵权过重，利力过广，远者震惊，近者疑虑"。在他思想深处，悲欣交集，他多年锤炼的性格在这个时期充当了主角，让他在权衡利弊中终于做出了抉择。处理好同清廷的关系，让朝廷对他的忠诚认可，是他保持权力地位的关键所在。所以，摆脱目前令人棘手的政治处境，是他首先需要处理的问题。于是他开始了自我裁军的措施，让他九弟曾国荃挂冠乡居，闲赋家中，又裁湘军十二营，同时将心腹江忠源部两万余人马拨给沈宝桢辖制。并奏请停解广东、江西、湖南等省部分厘金，将自己的权力降到最低点，他这些举动无非是为让清廷释去尾大不掉之忧。他从一片升腾的气象中敏锐地看到了危机潜在的预兆，最终凭其阅历和理智，化险为夷。

　　曾国藩的理智性格在交友上表现得淋漓尽致。他和左宗棠的交往，历来为后人称道。曾国藩因为理智所以为人宽容，不计较太多；左宗棠为人恃才傲物，锋芒毕露，他和曾国藩之间多有龃龉。相传曾国藩见左宗棠为如夫人洗脚，笑着说："替如大人洗足。"左立即讽刺说："赐同进士出身。"因为曾国藩的进士身份是朝廷所赐的，不是科班出身，左宗棠语涉鄙视，以此挖苦曾国藩。有一次，曾幽默地对左说："季子才高，与吾意见常相左。"把"左季高"三字巧妙地嵌了进去。左立刻还以颜色："藩侯当国，问他经济又何曾！"再一次语涉鄙夷。两次语言上的交锋，可以看出曾国藩言语比较温和，既抓住了左宗棠的性格特点，又指出了彼此的矛盾，但对此不发表任何议论。

咸丰七年二月，曾国藩在江西瑞州营中闻父丧，立即返乡。左宗棠认为他不待君命，舍军奔丧，是很不应该的，湖南官绅也哗然应和。第二年，曾国藩奉命率师援浙，路过长沙时，特登门拜访，并集"敬胜怠，义胜欲；知其雄，守其雌"十二字为联，求左宗棠篆书，表示谦仰之意，使两人一度紧张的关系趋向缓和。曾国藩不计前嫌，主动登门，大有蔺相如之风范。因为他深切地知道，左宗棠也是朝廷的臂膀，他们的关系如若搞不好，势必会交恶难辩，影响国计民生。曾国藩的理智沉静此时淋漓尽致地展现出来。

最能显示出曾国藩这种性格的，是咸丰十年对左宗棠的举荐。当时左宗棠因性格暴躁，遭人弹劾，处境艰难。左宗棠来湘营暂避锋芒，曾国藩热情地接待了他，并连日与他商谈。曾国藩上奏说："左宗棠刚强英明，吃苦耐劳，通晓军机。当现在正需用人之际，或饬令他为湖南团防，或选拔做藩司臬司等官，让他管理地方，使能安心任事，定能感激涕零，报效朝廷，有益于时局。"曾国藩在左宗棠极其潦倒的时候，伸出援助之手。同治二年3月18日，左宗棠被授命任闽浙总督，仍署浙江巡抚，从此与曾国藩平起平坐了。3年之中，左宗棠由一个被人诬告、走投无路的士子，一跃而为疆吏大臣。这样一日千里的仕途，固然出于他的才能与战功，而如此保举，也只有曾国藩才能做到。

曾国藩曾写过一联："受尽天下百官气，养就胸中一段春。"此联以受气为养气之始，柔中显刚，主静藏锋，可进可退。正是这种沉静的性格使他游刃于天地之间。

然而，他的性格却不是天生的，而是通过实践锤炼而得。正如他自己所说：人之气质，由于天生，本难改变，唯读书可以改变人。

曾国藩一生唯读书是务，最终化暴戾为平和。他在封建官场游刃有余，上得信任，下得崇敬，成为大清朝不可或缺的栋梁。

越是在紧要关头，越要保持冷静。冷静性格也是自信的反映，坚信自己的能力，就能发挥出潜在的力量，并产生合理有效的行动。

性格急躁者难成大事

有一位名叫帕特的年轻画家，碰到了法国著名画家门采尔，他当即向门采尔请教说："尊敬的先生，有一个问题一直困扰着我，你能给我解决的方案吗？"

门采尔说："什么问题？"

帕特说："我常常能一天画一幅画，可卖出它却总要一年的时间。"

门采尔微微一笑说："帕特先生，你可以换着试一下。你把一天画出的画用一年时间去画，看能不能把一年的卖画时间缩短为一天。"说完，门采尔就走了。

帕特回去之后，开始的一段时间，总是不能使画画的速度慢下来。后来，他迫使自己耐心构思、揣摩，而且在闲暇之余苦练基本功，力求每一笔下去都能传神，如果有一笔是败笔，就毁掉重画。

之后，帕特发现自己的画风和画技有了明显的提高。他试着把几年以来画出的几幅满意的作品拿出去卖，意想不到的结果出现了，人们纷纷称赞他的画，并且有人愿意花很高的价钱把它买下来。

这之后不久，帕特成了当地很有名的画家。

没有一蹴而就的成功，只有火候不到的夹生饭。有的人抱怨成功离他们很远，那是因为他们的性格太急躁，做事太急于求成。在现代高节奏生活的压力下，无论干什么都在提醒自己：快点，再快一点——盲目求快，欲速则不达，急功近利，不顾自己的实力，必将能源耗尽，一事无成。

成功靠等待，急于求成只会失败

　　一个小和尚因为一个偶然的机缘，得到了一颗种子。给他种子的大师说这是善之花，有缘之人等到花开那日便可以悟道成佛。

　　这果然是一颗神奇的种子，它很快就生根发芽，抽出了两片长长的叶子，长成了一株兰草的模样。然而过了花开的季节，它仍旧只是一片翠绿。小和尚心中并不恼。

　　一年又一年，小和尚渐渐长高长大，善之花的枝叶却仍像第一年的光景，不曾有任何变化，甚至也不随四季更替，只是一味地青碧嫩绿。

　　后来，环境起了很大的变化，绿色越来越少，水源越来越远，风沙日益猖獗，香火日渐冷落。到后来，寺院只剩下了小和尚一个人。

　　小和尚每天要走20里路化缘，走10里路挑水。

　　后来，水井越来越深了。小和尚挑水回来的路上，常有一群乌鸦跟随盘旋。小和尚心知其意，便常常弃了担子，走远几步，待乌鸦们饮过了再赶路。到后来乌鸦们不再畏惧，直接落在桶沿上，任由小和尚挑着水边走边饮。乌鸦们饮过后，小和尚还会把沿途仅有的几棵小草逐一浇灌。

　　善之花的蓓蕾日渐一日地饱满，小和尚每天夜里都会梦见花开，看见五彩的花瓣，嗅到沁人心脾的馨香。早晨醒来，小和尚常常觉得唇齿之间犹有余香。

　　风沙更大了，绿色更少了，小和尚化缘路上的那几棵小草也在一夜之间被风沙深深埋葬。小和尚给善之花搭了棚子,夜里就睡在棚子里,只等着花开就离开。

一天夜里,风暴把一个男孩送进了小和尚的棚子。小男孩怀里抱着一只瘦弱的羊羔,它气若游丝,眼看就要死了。小和尚慈悲心切,却无计可施。

小男孩一眼就看见被周围暗黄的沙土衬托得愈发嫩绿的善之花,眼睛里亮了一下,嗫嚅地说:"这只羊羔,生下来就没吃过青草……"

小和尚大窘,看着花,花苞已经绽放一点酒窝,五彩之气氤氲缭绕;再看看那只羊羔,它眼睛里的生命之火一点点黯淡下去,在男孩怀里像个可怜的婴孩。

小和尚心里大叫着:再等等,再等等,花开了我就可以救你了……

孩子"扑通"一声,给他跪下了。

小和尚长叹一声:"无缘。"

小和尚闭上双眼,缓缓伸出手握住了那两片柔嫩的叶子,打算把它揪下来喂给羊羔。没费任何力气,整株花好像自己钻出了地面,小和尚觉得自己的心好像也被谁一把拎出了胸腔……

就在小男孩接过花的那一刻,善之花突然绽放。小和尚梦中见过的五彩、梦中嗅过的清香,立刻弥漫了这个简陋的草棚……

成功有时候靠等待,急于求成的性格只能导致最终的失败,是永远不会获得想要的效果的。

性格沉稳的人会权衡利弊

事情有难易之分,有大小之别。有的事情和自己的切身利益紧密相关就一定要去做,有的事情和自己关系不大则可做可不做。如果你觉得

自己即将要做的事情无法做到，就不要打肿脸充胖子；如果你觉得自己即将要办的事情把握不大，就要小心谨慎，亦步亦趋；如果你觉得自己即将要做的事情可以做到，就要义无反顾地去做。因事而变，才能做好事情。具有沉稳性格的人做事时会权衡利弊，做到以下几点：

1. 分清事情的轻重

汉宣帝时，有一位宰相名叫丙吉。有一年春天，丙吉乘车经过繁华的都城街市中，碰见有人群殴，死伤极多，但是他若无其事地通过现场，什么话都没说，继续往前走。不久又看到一头拉车的牛吐出舌头气喘吁吁，丙吉忙派人去问牛的主人到底怎么回事。旁边的随从看见这一切觉得很奇怪，为什么宰相对群殴事件不闻不问，却担心牛气喘，如此岂不是轻重不分、人畜颠倒了吗？于是有人鼓起勇气请教丙吉。丙吉回答他："取缔斗殴事件是长安令或京兆尹的职责，身为宰相只要每年一次评定他们的功过，再将其赏罚上奏给皇上就行了。宰相对所有的琐碎小事不必一一过问，在路上取缔群众围斗更不需要。而我之所以看见耕牛气喘吁吁要停车问明原因，是因为现在正值初春时节，而牛却吐舌头气喘不停，我担心是不是阴阳不调。宰相的职责之一就是要顺调阴阳，因此我才特地停下车询问原因何在。"众随从听后恍然大悟，纷纷称赞宰相视事情的轻重而办的行动非常英明。

我们平时为了办好一件事，也要根据事情的轻重采取行动，应该知道什么是自己该干的，什么是可以委派他人干的，什么是不可以干的。

2. 权衡事情的利弊

人无远虑，必有近忧。聪明人做事，在注意其利益的同时，也不忽视与之相伴的害处。他们往往能兼顾利害得失。在这点上，我们不妨吸取古人的经验和教训。

通常只有乘开国的势头才可扬威边疆，错过机会再去办就很难有所作为。宋初不能立威于契丹，终使金、元外族之祸持续不断；明太祖朱元璋向北驱逐金、元，威风行于沙漠戈壁；明成祖朱棣定都燕京，多次征服胡人，并重修万里长城以御之，这样做事可谓深谋远虑。

当人被某事某物所惑时，往往会不顾利害得失匆匆行动，从而不免受挫。相反，兼顾利害得失者，无论办什么事都不会陷入困境。

3. 从大局出发

顾全大局、舍卒保车在做事上是一种深远的谋略，更体现了一个人的宽柔性格。许多仁人志士甘愿在名誉上受到玷污，而成就更大的事业。谚语说："立名难而坏名易。"好名声的建立是很难的，而损坏名声只在一时一事之中。所以名节上的损失绝非易事，勇于牺牲名节，必定是为了更大的目的。这就是在顾全大局，对于这个大局来说，名节就是卒，为了保全大局这个车，舍卒是不可避免的。

要做到顾全大局，就必须具有沉稳的性格，这样才能在关键时刻临危不乱。

不要犯急躁盲动的错误

大卫在英国伦敦大学进修工商管理专业期间，曾经参与过伦敦大学的专业论文评选。他的论文很被英国企业界一些成功人士看好。英国某大公司的总裁亲自点名要他参加该公司一年一度的职位竞聘。大卫看完了该公司的简介以及空缺的职位以后，决定竞聘竞争较为激烈的总裁助理一职。

面试答辩等一些程序全部完毕以后，大卫和另外4个对手进入了最后的决赛。决赛分为两个步骤，第一步是做上任第一大的工作安排。大卫在国内曾在某行政单位做过管理工作，以他完美的思维和东方人的谦虚赢得了赞美，结果他和另一名年轻的选手胜出。第二步考查他们的内容竟是赛车,在接到那把车钥匙之前,大卫无论如何也想不到第二步考查的内容会是这样。他的车技不错,速度很快超过那位对手,但不幸的是他们的路线出现了堵车,大卫等了一会儿,看到后面对手的车也跟了上来,为了能尽快甩下对手,他看了目的地地图,把车调回头去走另外一条路,结果是那位对手耐心等到堵车疏通后继续前行,而大卫因为走得太远了,当他到达目的地时对手早已经到达。他被公司淘汰。

那位总裁对他说:"你的性格在驾车时已经流露出来了,一个人能够耐心地等塞车疏通,那么他在正作中即使遇到危机,也能理性地去解决。自我控制和有原则对于总裁助理这个职位很重要。希望你能明白你失败的原因。"

大卫后来总结了失败的教训:"其实不是被公司淘汰了,而是被自己淘汰了。"

在遇到难题的时候,要能静下心来,冷静思考,不要犯急躁盲动的毛病。有了足够的耐心,才能得到自己想要的东西。美好的人生,善始善终;而不败的人生,只是缘于忍耐性格而已。

抛弃浮躁,心宁智生

战国时,苏秦自幼家境贫寒,温饱难继,读书自然是很奢侈的事。为了维持生计和读书,他不得不时常卖自己的头发和帮别人打短工,后又背井离乡到齐国拜师求学,跟鬼谷子学纵横之术。

一段时间之后,苏秦自认为已经学业有成,便迫不及待地告师别友,游历天下,以谋取功名利禄。一年后不仅一无所获,自己的盘缠也用完了。没办法再撑下去,于是他穿着破衣草鞋踏上了回家之路。

到家时,苏秦已骨瘦如柴,全身破烂肮脏不堪,满脸尘土,与乞儿无异，只好垂头丧气地走回家中。

妻子见他这个样子，摇头叹息，继续织布；嫂子见他这副样子，扭头就走，不愿做饭；父母、兄弟、妹妹不但不理他，还暗自讥笑他说："按我们周人的传统，应该是安分于自己的产业，努力从事工商，以赚取十分之二的利润；你现在却好，放弃这种本应从事的事业，去卖弄口舌，落得如此下场，真是活该！"

这番话令苏秦无地自容，惭愧而伤心。他关起房门，不愿见人，对自己作了深刻的反省：

"妻子不理丈夫，嫂子不认小叔子，父母不认儿子，都是因为我不争气，学业未成而急于求成啊！"

他认识到了自己的不足，又重振精神，搬出所有的书籍，发愤再读，他想道："一个读书人，既然已经决心埋首读书，却不能凭这些学问来取得尊贵的地位，那么书读得再多，又有什么用呢？"

于是，他从这些书中捡出一本《阴符经》，用心钻研。

他每天研读至深夜，有时候不知不觉伏在书案上就睡着了，每次醒来都懊悔不已，痛骂自己无用，但又没什么办法不让自己睡着。有一天，他读着读着实在困倦难当，不由自主便扑倒在书案上，但他猛然惊醒——手臂被什么东西刺了一下，一看是书案上放了一把锥子，为此他想出了一个不打瞌睡的办法——"锥刺股"。以后每当要打瞌睡时，他就用锥子扎自己的大腿一下，让自己猛然"痛醒"，保持苦读状态。他的大腿因此常常是鲜血淋淋，目不忍睹。

家人见状，心有不忍，劝他说："你一定要成功的决心和心情可以理解，但不一定非要这样自虐啊！"

苏秦回答说："不这样，我会忘记过去的耻辱；唯有如此，才能催我苦读！"

经过血淋淋的一年"痛"读，苏秦很有心得，写出了"揣"、"摩"

五、性格好，思想就有了境界

两篇。这时，他充满自信地说："这下我可以说服许多国君了！"最终游说六国，成为最著名的说客与谋士。

任何诞生于浮躁中的决定都可能让你付出代价，而在宁静中产生的智慧往往是你成功的最佳选择。放远眼光，注意改善自己的性格，注重自身知识的积累，厚积薄发，这样不仅可以少走一些弯路，而且可以最大限度地避免伤痛的出现，达到事半功倍的效果。

危急不乱性

一个人要在危急关头镇定不乱，必须在平时就注重性格的培养，并培养清晰敏捷的头脑；一个人要达到面对死亡也毫不畏惧，就必须在平日对人生有所彻悟，看清事物的发展规律。

当然，要想真正做到"忙处不乱性"，则是人生一大难事，但并非没人做到，只是做到的人太少。

诸葛亮因错用马谡而失掉战略要地街亭，魏将司马懿乘势引大军15万向诸葛亮所在的西城蜂拥而来。当时，诸葛亮身边没有大将，只有一班文官，所带领的5000名士兵，也有一半运粮草去了，只剩2500名士兵在城里。众人听到司马懿带兵前来的消息都大惊失色。诸葛亮登城楼观望后，对众人说："大家不要惊慌，我略用计策，便可叫司马懿退兵。"

诸葛亮深知，此时若弃城逃跑，无疑会暴露实情，在15万大军面前必然无法逃脱。于是，他神情自若地传令军士："将城中所有战旗尽数放倒，所有兵士坚守城池，凡有擅自出入和大声喧哗者，一律斩首！"又命令将四方城门大开，每一城门处派20名军兵扮作百姓，洒水扫街，装作若无其事的样子。一切安排就绪后，诸葛亮头戴方巾，身披鹤氅，带两名小童，携琴登城。诸葛亮边弹琴边饮酒，一副安然悠闲的神态。

魏军先锋部队见状，不知虚实，急忙策马回报司马懿。司马懿听报随后来到城下，远远见到城门楼上诸葛亮悠然自得边饮边弹，两位小童站立身后，琴声悠扬不绝于耳。再看四处城门大开，每一城门处都有一二十名百姓在细心地洒水扫路，对魏军视而不见。司马懿见状心中大疑。他对诸葛亮有很深的了解，认为素来谨慎行事的诸葛亮从不冒险，今天见他如此安然，城中秩序井然，15万大军压城犹如不见，其中必有埋伏。司马懿越想越怕，急忙传令撤兵。司马懿的儿子司马昭是员虎将，见要退兵，急忙劝阻司马懿说："诸葛亮手中可能无兵，必是在迷惑我们，不如让我带兵攻城，即可知虚实。"司马懿不准，率15万魏军全部退却。诸葛亮见魏军远去，遂拍掌大笑，结果尽在意料之中。城中兵士见千钧一发之险顷刻间化作乌有，不由得惊喜交加。

诸葛亮智退司马懿后，对余悸未尽的兵士们说："司马懿知我素来谨慎，不曾轻易冒险。而今见我稳坐城头，安然饮酒抚琴，城门大开，百姓自若不慌，想我必定有奇兵伏于城中，所以不战而退了。此疑兵之计，是万不得已才用的，倘若随便用此计，一旦被敌人识破，必遭大败。"在众人的赞叹声过后，诸葛亮接着说："司马懿急切中退兵，必然选择小路，可速去通告关兴、张苞两位大将设伏。"

果然不出所料，司马懿正率军沿小路向北退却。行至武功山时，忽听得山后鼓炮齐鸣，杀声震天，只见冲出一队人马，将旗上写着张苞。司马懿以为这是诸葛亮早已埋伏好的蜀军，急令魏军不许恋战，拼死冲杀，以求生路。刚刚冲出不远，又是一声号炮，只见一队蜀军从左路向魏军冲来，一看将旗是关兴的兵马。司马懿大惊，更加确信这一切都是诸葛亮预先设下的计谋，一时间不知蜀军到底有多少兵马。魏军已成惊弓之鸟，丝毫不敢停留，丢掉粮草辎重，沿此路向山后溃逃。

情势危急而神志不乱，是胆略、是智慧，它能将险峻的形势化解于无形。

遇乱不慌真智慧

慌乱这种性格是添加危险的燃料，而只有沉静的性格才能显现智慧，解决困难。

明朝有个张县令，一天闲居在家，忽然有两位自称皇宫中锦衣卫的人直闯衙门后院约见。不等张县令更衣迎接，他俩已入厅堂，对张县令一边抱拳施礼，一边说："朝廷有令，请张县令迅速处理耿随朝的事件。"

张县令听来人说朝廷要他迅速处理耿随朝的事，竟不怀疑这两位公差了。为什么呢？因为那个耿随朝是滑县人氏，曾担任户部的科员，主管草场，一场大火把草场化为灰烬，为追究耿随朝的渎职罪，朝廷下令将其羁押在监牢里。张县令听来人说朝廷要他公开处理耿的案子，哪里还会怀疑呢？不过尽管对来人的身份不怀疑，可朝廷让他处理此案，有没有什么公文，总还得问问，否则判轻判重都没有把握，搞不好还会丢了自己的乌纱帽。一想到这里，张县令便说："两位钦差远道而来，转达朝廷意旨，要下官迅速处理耿随朝一案，下官一定照办。但不知钦差大人是否带有上面的公文，下官讨得公文，以便秉公办案。"

两位来者一见张县令要朝廷公文，便互相交换一下眼色，其中一个说道："张县令要看公文，我们当然随身带着。上面不但有公文，且有事情交待，这里不是说话的地方，请张县令换个僻静的地方说话。"

按照常规，两位使者应该当时交出公文，然后宾主落座，叙说细节。如今张县令见两个公差神秘兮兮的，递交公文还要找个僻静的地方说话，觉得有些蹊跷，再加上他们进来之时，也不通报一声就直闯后院，事情联系起来一想，便陡然对这两个人的身份起了疑心。可眼下这两人也没有暴露其他的企图,只是说:"不但有公文,还有事情交待。"于是连声说:"好,好!请两位大人随我来。"一听张县令如此说,两位使者拥上前来,一个拉着张县令的左手,一个拥着张县令的背,一起进入僻室。一到僻室,其中一位长着胡须的使者一屁股坐在炕上,一边捋着鬓角胡须,一边说:"张县令不认识我们吧!我叫任敬,他叫高章,今日来府上,是要向张县令借国库里边的银子使使。"话音刚落,两人取出匕首,架在张县令的脖子上。

任敬、高章这两个名字在张县令的头脑里可谓是印象深刻,他俩是有名的江洋大盗,不过这两个人本着"兔子不吃窝边草"的原则,在本县倒是很少作案,朝廷曾张榜通缉,也未抓获。不想今日竟连窝边草也不放过,直闯县衙后院,向县官勒索国库的银子。

张县令一听这两个人报出名字,并讲明来意,心里不免有些紧张。眼下刀架在脖子上,别说逃跑,就是轻声说个"不"字,自己的性命也难保。但国库的银子,岂能动用,又岂能容许这两个强盗如此猖獗行事?一想到这里,他紧张的心情反倒渐渐地平静了下来。他用眼睛瞥了一下脖子上的刀,笑着说道:"两位这是干什么呢,有话好好说,凡事总有得商量。"

两个强盗见张县令没有惊慌失措,料想到张县令想跑是跑不掉的了,就将举起的刀放下来了,但嘴里却逼问道:"你别啰嗦,答应不答应,快说!"

张县令此时却装出一副替他们着想的样子说道:"你们不是为了报仇,我也不会因为财物牺牲性命。不过你们拿走国库的银子等于自己暴露了自己的身份,如果被别人发现,我丢了官事小,恐怕对你们不利!"

两个强盗交换了一下眼色,没有言语,他们觉得张县令说的不无道理。

张县令一见有转机,接着又说:"国库的银子有专人看管,我们这

五、性格好,思想就有了境界

样去取，肯定会被人识破，那时你杀了我也无济于事，我倒有一个办法，不知两位答应不答应？"

"什么办法？快说！"

"你们俩要多少银子，向我报个数字，我自己从家里拿，不够的，我再向县里有钱人借贷，银子算在我头上。这样办既能使你们安然无恙，我也算是舍财消灾，不至于连累我的官职，岂不两全其美吗！"

两个强盗经张县令这么一说，竟觉得这个县官倒也实在，既能让他们拿到银子，又不至于暴露身份，还不影响他做官。觉得这倒是个妥帖的办法，便表示同意。

张县令见稳住了两个强盗，心中暗自高兴，此时一条计谋已酝酿成熟。他说道："借银子总得有人传信，是否能找来县丞刘相，我好让他代我张罗银子的事。"

两个强盗见县令要去叫人，不禁怒眼圆睁，又举起刀，用刀尖直顶着县令的喉咙说："你别耍花招，要找人捉拿我们？妄想！"

张县令还是不慌不忙地说："我哪里有那种妄想，刀搁在我脖子上，想跑也跑不掉。我也知道两位信不过我，不然两位中出去一位，帮我传刘相前来如何？"强盗心想反正县令在我们手里，如今刀已架在他脖子上，谅他也耍不出什么花招。任敬向高章使了个眼色，高章抽刀出门，很快把刘相找来了。

刘相到后，张县令假意说："我不幸发生意外，如果被抓去，会很快被处死，这两位是锦衣卫，他们不想抓我，我很感激他们，想拿8000两银子当他们的酬礼，以表心意。"

刘相听了，一时不禁目瞪口呆，说："大人，一时间到哪里去弄这些银子？"

张县令说："你先到我夫人那里拿1000两，其余的就只有借了。县里有钱的人我认识的还不少，他们也都急公好义，我请你替我去向他们借。"

于是他拿起笔来，在纸上开列名单，一共写了7个人名，每人1000两，连同家里的1000两正好凑够。所写的这7个人，实际上都是武士。

刘相看了这名单，恍然大悟，说道："请老爷放心，下官立马去筹借银两。"

不一会儿，刘相领着名单上开列的7个人进入内庭。只见那7个人一个个穿着华丽的衣服，酷像富人家，每人手里捧着一个红包袱，先后来到门口，假装说："老爷要借的银子因为时间太紧迫，没有凑够所要的数目，实在过意不去。如今将所凑银两奉上，请老爷和钦差大人过目。"一边说，一边装出哀求的样子。说完，刘相先进来，打开包袱，亮出一桌白花花的银两。

两个强盗一见银两真的送来了，又看到这些人果然都像有钱人的样子，不禁大喜过望，心想："这个县令真的不骗我们。"于是放松了对县令的监视。张县令趁强盗不防，急忙退到一旁，大喊："抓强盗！"7个武士丢下手中包袱一拥而上，原来，除了刘相捧进来的是银子之外，其余人的包袱里全是铁器和砖头瓦块。两个强盗猝不及防，等他们反应过来，已经是镣铐在身了。

张县令身临险境，却能既保住身家性命和国库钱财，又能擒获强盗，凭的是什么？凭的是他遇事从容镇定，凭的是他那看似愚蠢的"诚实"，才能不动声色地诱使强盗入圈套。强盗要诈骗财物，冒充朝廷公差闯入内室，说明身份和来意之后，张县令既没有惊慌失措，也没有暴跳如雷，而是装出很诚实的样子，替盗贼着想，告诉他们怎样才能既得到银两，又没有犯案的危险，这可算是糊涂到了极点，"诚实"到了顶点。但是，正因为他彻底地装糊涂，正因为他这种"愚蠢"的"诚实"才稳住了对方，为以后施展擒贼赢得了时间和条件。

在最危急的时刻，越是慌乱，越会遭殃；越是镇定，越会平安。

凡事三思而后行

一个有着沉静性格的人，在做事之前，都会冷静而充分地思考。冷静思考可以令人保持清醒的头脑，控制自己的行为，能够使人避免犯错，从而有利于防止不良结果的产生。三思而后行，是每一个成大事者的人生箴言。

在生活中，人们的行动通常比较容易受情绪、成见或其他非理智性做法的影响，而无法使自己冷静下来，这些情绪上的波动都是不具备冷静谨慎性格的表现，往往会促使人做出失去理智的事情，发生令自己后悔的行为。

古人云："凡事三思而后行。"人生如同下棋，每走一步都需要审慎地思考和斟酌，否则很可能出现一招不慎、全盘皆输的惨局。因此，对于每一个人来说，做任何事情前，都要先了解自己要做什么，或认清事实的真相后，再去做或者再采取相应的措施来解决，千万不可鲁莽、仓促。

时常给自己一个忠告：凡事都要三思而行。让理性给自己把关，才会把错误与不幸拒之门外。

在西班牙的某城有一个商人。一个偶然的机缘，一位智者送给他一个忠告："当你生气的时候，事情没有考虑成熟，就不要蛮干；不了解事实的真相，千万不要动怒。"商人一直把忠告铭刻在心。

有一次，商人让怀孕的妻子留在家中，自己到外地经商去了。因为途中遭变，一连20年都没有回家乡。妻子由于一直没有得到丈夫的消息，以为他亡命他乡了，感到万分悲痛。于是，她在儿子身上倾注了自己全部的爱。

终于有一天，已经发了财的商人，拍卖了他的全部商品，回家来了。他没有让任何人知道他回来了，而是直接来到自己的家，并闪身躲进一个难以被人察觉的地方，窥视着屋里的动静。

黄昏时候，儿子回来了，妈妈亲切地问道："亲爱的，告诉我，你从哪儿回来的？"

商人听到自己的妻子这么亲切地对那个年轻人说话，不由得心里产生了一种恨意，恨不得当场杀了他们。但是他突然想起智者给自己的忠告，于是压住怒火继续观察。

天黑后，屋里的两个人在桌旁坐下用餐。商人看到这一情景，又不禁怒火中烧。但那个忠告又在耳边响起，于是他再一次克制住了自己。

晚餐后，熄灯前，屋里的母亲哭泣着对儿子说："唉！儿呀，听说，有一条船刚刚从你爸爸最后一次去的地方来。明儿一早，你就去打听一下，或许还能打听到他的消息。"

听到这番话，商人猛然想起，他离家的时候，妻子已经怀孕了，原来那个年轻人就是自己的儿子。

因为商人的冷静与克制，才没有令他做出令人扼腕叹惜的事情。可见，一个人无论做什么事都要三思而后行，否则就会出现不堪设想的后果。当你觉得自己的判断并不十分准确时，宁可稍待些时日，多多考虑斟酌一番，也切勿草率从事。在你等待的时日中，也切勿忧虑伤感。你所应该做的第一件事，就是多搜集一些可帮助你做决定的实际材料，多参考些先例。你所搜集和参考的资料愈多，你的决定也会愈正确。等到你对于那个问题完全了解，对于"决定"的后果也有了充分的把握之后，那你不妨立刻做出决定，因为这时你的确已无所顾忌了。这就是说：决定做出的快慢，必须依实际的情况而定，切勿在事情还未允许你决定之前，便急躁不安，草率行事。

美国著名的化学家李托，有一次若不是他在决定行动之前等待了一

五、性格好，思想就有了境界

会儿，几乎就铸下一个大错。

他说："当我独立经营了几年化学工厂之后，有一次，忽然赔了一大笔钱，几乎使我多年来辛勤的经营所得完全付诸东流。当时我真是懊丧万分，寝食难安。我竟认为经营这桩事是永无希望了，准备仍旧去做一个职员，因为当时刚好有许多薪水还不错的职位可以任我去选择。

于是我在当天下午，就开始动手结束我几年来辛苦经营的公司，我把许多平日视为一刻不能分离的东西，都一一束诸高阁……

但是，凑巧就在这时，从前我曾经服务过的一家公司的经理来拜访我。我不等他问我，就把自己的烦恼告诉了他。他听了后未置可否，却从怀里摸出表来，看了看说：'现在已是晚餐的时刻了，让我们吃了晚饭再谈这事吧！'

他把我领到他所创办的俱乐部里，随便点了几样美味可口的菜肴，两人在席间东谈西扯，吃得十分高兴。顿时，我的烦恼也因而逃得无影无踪了。

后来那位经理问起我刚才究竟有些什么烦恼。'没有什么，'我说，'那不过是我一时的感情冲动罢了。'

晚餐归来后，我极舒服地睡了一晚，第二天醒来，立刻觉得神清气爽，精神振作了不少。想起昨天自己一场无谓的胡闹，反而觉得十分好笑。从那天起我决定仍旧从事我的工作，绝不可因为任何阻力而放弃。

同时，这件事也给了我一个极宝贵的经验：那就是一个人当他的精神受了刺激，或感到饥饿、疲乏等种种不适时，千万不要决定任何事情。因为那时你至少已经失去了一半的判断力，如果你草率决定，事后你一定会觉得悔不当初。"

对于我们来说，每个人都应将"凡事三思而后行"这一原则贯穿于自己的生活和工作之中，作为自己行动的指导，养成沉着冷静的处事性格。这样才能够对事情做出正确判断，从而距离自己的人生目标越来越近。

得意时最好淡然一些

无论一个人的成就有多高,都应清楚天外有天,人外有人,虚心地取人之长,补己之短,培养自己谦虚的性格。如此,既能赢得别人的敬仰,也能使自己获得更好的发展。

相传仓颉在黄帝手下当官。黄帝分派他专门管理圈里牲口的数目、囤里食物的多少。仓颉这个人很聪明,做事尽心尽力,很少出差错。可随着牲口、食物储藏数目的变化,光凭脑袋记不住了。怎么办呢?仓颉犯难了。

仓颉想了很多办法,先是在绳子上打结,用各种不同颜色的绳子,表示各种不同的牲口、食物,用绳子打的结代表数目。但增加数目在绳子上打个结很方便,而减少数目时,在绳子上解个结就麻烦了。于是仓颉又在绳子上打圈圈,在圈子里挂上各式各样的贝壳,来代表他所管的东西。增加了就添一个贝壳,减少了就去掉一个贝壳。

黄帝见仓颉这样能干,就把年年祭祀的次数、回回狩猎的分配、部落人丁的增减都交给仓颉管理。凭着添绳子、挂贝壳已经不够用了,仓颉又犯愁了。

这天他参加集体狩猎,发现人们看着地下野兽的脚印就可以断定前面有什么动物。仓颉心中猛然一亮:既然一个脚印代表一种野兽,我为什么不能用一种符号来表示我管的东西呢?他高兴地拔腿奔回家,开始创造各种符号来表示事物。果然,他把事情管理得头头是道。

黄帝知道后,大加赞赏,命令仓颉到各个部落去传授这种方法。渐渐地,这些符号的使用就推广开了,就这样形成了文字。

仓颉造了字,黄帝十分器重他,人人都称赞他,他的名声越来越大。仓颉因此就有点骄傲自大了，什么人都看不起，造字也马虎起来。

黄帝知道后很生气，就找来了最年长的老人商量，这老人已经120岁了，沉吟了一会儿，他就独自去找仓颉了。

老人对仓颉说："仓颉啊，你造的字已经家喻户晓，可我人老眼花，有几个字至今还糊涂着呢，你肯不肯再教教我？"仓颉看这么大年纪的老人都这样尊重他，很高兴，就催他快问。

老人说："你造的'马'字、'驴'字、'骡'字都有4条腿吧？而牛也有4条腿，为什么你造出来的'牛'字没有4条腿，只剩一条尾巴呢？"仓颉一听，心里有点慌了，原来他把"牛"字和"鱼"字教反了。（注，此处所指为古汉字，可参考繁体字形状。）

老人接着又说："你造的'重'字，是说有千里之远，应该念出远门的'出'字，而你却教人念成重量的'重'字；反过来，两座山合在一起的'出'字，本该为重量的'重'字，你倒教成了出远门的'出'字。这几个字真叫我难以琢磨，只好来请教你了。"

仓颉羞得无地自容，深知自己因为骄傲铸成了大错。他连忙跪下，痛哭流涕地表示忏悔。

老人拉着仓颉的手，诚恳地说："仓颉啊，你创造了字，使我们老一代的经验能记录下来，传下去，你做了件大好事，世世代代的人都会记住你的。你可不能骄傲自大啊！"

从此以后，仓颉每造一个字，都要将字反复推敲，还拿去征求人们的意见，大家都说好之后才定下来，然后逐渐传到每个部落中去。

我们的智慧远比不上仓颉，如果取得一些成绩就骄傲自满，那么离失败就不远了。其实世上的事情，没有什么是离开某个人就无法完成的，每个人都只是一个平凡的人，一些看似伟大的成就纵然不由这个人完成，也会由那个人完成。每个人在历史的成就中都是可以被替代的。所以，得意之时最好淡然一些。

人不可能一辈子春风得意，如果你在得意时飞扬跋扈，那么当你失意的时候，别人就不会有同情之心。与其到那时感叹世态炎凉，不如在现时就做一个具有谦逊性格的人，这样才能赢得别人长久的尊敬。

不可挥霍头顶的光环

性格张扬的人往往导致失败。只有那些性格内敛的人，他们头上的光环才会长久。

1961年4月12日，当加加林在太空飞行了108分钟，按下"25"那个神秘的密码以后，东方1号飞船降至700米高空，随之，加加林跳伞平安地落回了地球：这个身高不到1.75米的上尉，代表人类圆满地完成了探索太空的第一次飞行！

几分钟后，消息在全球炸开，世界各大电台、报纸竞相报道这位一夜升空的超级明星。接着，他与火箭之父科罗廖夫并肩坐在了一起，与苏共中央总书记赫鲁晓夫握手、交谈，与政要、名人拥抱举杯，大小勋章挂满胸前。军衔从上尉升至少校，接着成了茹科夫斯基军事学院的学子，然后成了高等军事学院研究生院的函授生，连他的微笑也有了传奇的色彩，向后梳的头发也成了迷人的时尚。他走到哪里都有人硬要与他交朋友，无论到哪里都有盛宴款待。

以前，他认为赫鲁晓夫简直是神。到这时候，神就是他自己——尤里·加加林！

于是，他常常无视法规，驾驶着国家奖励给他的伏尔加小轿车在街道上飞奔，甚至因为喜欢上了一位护士而不顾影响地从大楼窗户飞身跳下。有一天，他又闯红灯了，这一回他的伏尔加撞翻了另一辆汽车，两辆车毁得不成样子，幸好他和另一位司机都只受了点轻伤。赶到出事地

点的警察自然一眼就认出了加加林，连忙举手行礼，冲着他笑，并当即保证"追究肇事者的责任"。边上，那位受害的退休长者虽然受了伤，但看见面前的是加加林，也赔起了笑脸。随后，警察拦下一辆过路汽车，嘱咐司机将加加林安全送到目的地，下一步，准备将全部责任记在老人身上。

加加林坐上了车子，但老人的苦笑和伤势在他脑海中已驱赶不去，让他无法不想的是：原来，英雄也有致命的时候，崇敬也会让执法者颠倒黑白，深爱也可能让一位退休长者违心顶罪，这一刻，加加林的淳朴本性复苏了，他让司机迅速开回出事地点，在警察和老人面前诚恳地认错，帮助老人修好了汽车，并承担了全部费用。

光环本来连上帝也没有，都是周围人特别是好人加上去的。光环加足了，再平凡的人也可能成为上帝；但只要去除了光环，上帝也会发现自己与凡人没有两样。所以，不要轻易挥霍别人加在你头上的光环。否则你会发现，当光环完全消失的时候，你的人生意义与价值也就不复存在。

六

性格好，品行就有了修养

我们喜欢或讨厌一个人，究竟是因为这个人的性格还是因为这个人的品德？乍一看，性格和品德似乎没什么关系，性格是天生的，品德似乎是后天培养的，但是，为什么大部分情况下，我们喜欢或讨厌某个人的时候是源于其性格，而并非源于其品德。这是因为性格决定了一个人的品行。

坚忍是一种健康的性格

　　任何一条成功之路都不会是笔直平坦的，总会伴随着崎崎岖岖、沟沟坎坎，想成功攀达顶峰的人，必须要面对横亘的障碍和天然的险阻。在这些困难面前，只有性格坚忍者才能从容地跨越过去。

　　人生活在社会上，往往要参与有形或无形的竞争。人的一生，总是在不断的竞争中度过的。而竞争就是实力的较量，当自己的实力不如人之时，如果你的性格中有坚无忍，逞一时之勇，必会遭到致命的打击，元气大伤，永无还手之力。坚忍者，在实力不如人之际，会选择后退。后退，看似失败，而并非真败。

　　必要的忍让和后退，是留给自己充分积蓄力量的空间，做更完善的准备，从而更快地进步，更加有把握地击败竞争对手。坚忍中的后退，是为了前进的后退，为了更有力地进攻而后退。暂时退一步，日后可以进两步或者更多步，甚至可以为以后的快速前进奠定基础。

　　明成祖朱棣是中国历史上著名的皇帝，他之所以能够登上皇位，便是得益于他坚忍的性格，善于审时度势，韬光养晦。他本为燕王，靠装疯这一招赢得了时间，最终发动了政变，打败了建文帝，登上了皇位，成为中国历史上著名的君主。

　　明朝的开国皇帝朱元璋有许多儿子，其中朱棣为人沉鸷老辣，很像朱元璋。在太子朱标病死以后，朱元璋曾想立朱棣为太子，但许多大臣表示反对，理由有二：一是如立朱棣为太子，对朱棣的兄弟则无法交代，二是不合正统习惯。

　　朱元璋无奈，只得立朱标的次子（长子已病死）为皇太孙。朱元璋死后，皇太孙即位，是为建文帝。建文帝年龄既小，又生性仁慈懦弱,他的叔叔们各霸一方,并不把他放在眼里。

原来,朱元璋把自己的子侄分派到各军,称作亲王,目的是为了监视各地带兵将军的动静,以防他们叛乱,后来就将他们分封各地,成为藩王。这样,许多藩王就拥有重兵,如宁王拥有8万精兵,燕王朱棣的军队更为强悍了。

这样一来,建文帝的皇权受到了严重的威胁,在一些大臣的鼓动之下,建文帝开始削藩。在削藩的过程中,杀了许多亲王,其中当然也有冤杀者。

燕王朱棣听了消息,十分着急。好在燕王朱棣封在燕地,离当时的都城金陵很远,又兼地广兵多,一时尚可无虞。僧人道衍是朱棣的谋士,他对朱棣说:"我一见殿下,便知当为天子。"相士袁珙也对朱棣说:"殿下已年近40了,一过40,长须过脐,必为大子,如有不准,愿剜双目。"在这些人的怂恿下,朱棣便积极操练兵马,图谋叛乱。

道衍唯恐练兵走漏消息,就在殿中挖了一条地道,通往后苑,修筑地下室,围绕重墙,在内督造兵器,又在墙外的室中养了无数的鹅鸭,日夕鸣叫,声浪如潮,以不使外人听到里面的声音。

但消息还是走漏出去了,不久就传到朝廷,大臣齐泰、黄子澄两人十分重视此事,黄子澄主张立即讨燕,齐泰以为应先密布兵马,剪除党羽,然后再兴兵讨之。

建文帝听从了齐泰的建议,便命工部侍郎张信为北平布政使,都指挥谢贵、张昺,掌北平都司事,又命都督宋忠屯兵北平,再命其他各路兵马守山海关,保卫金陵。部署已定,建文帝便又分封诸王。

朱棣知道建文帝已对他十分怀疑,为了打消他的疑忌,便派自己的3个儿子高炽、高煦和高燧前往金陵,祭奠太祖朱元璋。建文帝正在疑惑不定之时,忽报3人前来,就立即召见,言谈之下,建文帝觉得除朱高煦有骄矜之色外,其他两人执礼甚恭,便稍稍安心。等祭奠完了朱元璋，建文帝便想把这3人留下作为人质。朱棣早已料到这一招，在建文帝迟疑不决之际，飞马来报，说他病危，要3子速归。建文帝无奈，只得放3人归去。

　　魏国公徐辉祖听说了，连忙来见，要建文帝留下朱高煦。徐辉祖是徐达之子，是朱棣3子的亲舅舅。他对建文帝说："臣的3个外甥之中，唯有高煦最为勇悍无赖，不但不忠，还将叛父，他日必为后患，不如留在京中，以免日后胡行。"建文帝仍迟疑不决，再问别的人，别人都替朱高煦担保，于是，建文帝决定放行。朱高煦深恐建文帝后悔，临行时偷了徐辉祖的一匹名马，加鞭而去。一路上杀了许多驿丞官吏，返见朱棣。朱棣见高煦归来，十分高兴，对他们说："我们父子4人今又重逢，真是天助我也！"

　　过了几天，建文帝的谕旨到来，对朱高煦沿路杀人痛加斥责，责令朱棣拿问，朱棣当然置之不理。又过了几天，朱棣的得力校尉于谅、周铎两人被建文帝派来监视朱棣的北平都司事谢贵等人设计骗去，送往京师处斩了。两人被斩以后，建文帝又发谕旨，严厉责备朱棣，说朱棣私练兵马，图谋不轨。朱棣见事已紧迫，起事的准备又未就绪，就想出了一条缓兵之计：装疯。

　　朱棣披散着头发，在街道上奔跑发狂，大喊大叫，不知所云。有时在街头上夺取别人的食物，狼吞虎咽，有时又昏沉沉地躺在街边的沟渠之中，数日不起。谢贵等人听说朱棣病了，前往探视。当时正值盛夏时节，烈日炎炎，酷热难耐，但见燕王府内摆着一座火炉，烈火熊熊，朱棣坐在旁边，身穿羊皮袄，还冻得瑟瑟发抖，连声呼冷。两人与他交谈时，朱棣更是满口胡言，让人不知所以。谢贵等人见状，相互对视了一下，就告辞了。

　　谢贵把这些情况暗暗地报告给了朝廷，建文帝有些相信，便不再成天琢磨着该怎样对付燕王了。但朱棣的长史葛诚与张、谢二人关系极好，告诉他们燕王是诈疯，要小心在意，张昺、谢贵二人还是不大相信。过了许久，朱棣派一个叫邓庸的百户到朝廷去汇报一些事情，大臣齐泰便把他抓了起来，严刑拷问，邓庸熬不住酷刑，就把朱棣谋反的事从头至尾说了一遍，建文帝知道后大惊，便立即发符遣使，并密令谢贵等人设法图燕，再命原为朱棣亲信的北平都指挥张信设法逮捕朱棣。

张信犹豫不决，回家告诉母亲，母亲说："万万不可，我听说燕王应当据有天下，王者不死，难道是你一人所能逮捕的吗？"张信便不再想法逮捕朱棣，可朝廷的密旨又到了，催他行事，张信举棋不定，便来见朱棣，想探个究竟。

而朱棣托病不见，三请三辞，张信无奈，就换了衣服前往，说有秘事求见，朱棣才召见了他。进了燕王府，只见朱棣躺在床上，他就拜倒在床下。朱棣以手指口，模糊而言，不知所云。张信便说："殿下不必如此，有事尽可以告诉我。"

朱棣问道："你说什么？"张信说："臣有心归服殿下，殿下却瞒着我，令臣不解。我实话告诉你，朝廷密旨让我逮你入京，如果你确实有病，我就把你逮送入京，皇上也不会把你怎么样；如果你是无病装病，还要及早打算。"

朱棣听了此话，猛然起床下拜道："恩张恩张！生我一家，全仗足下。"张信见朱棣果然是装病，大喜过望，便密与商议。朱棣又召来道衍等人一同谋划，觉得事不宜迟，可以起事了。这时，天忽然刮起了大风，下起了暴雨，殿檐上的一片瓦被吹落下来，朱棣显得很不高兴。道衍进言说："这是上天示瑞，殿下为何不高兴呢？"朱棣谩骂道："秃奴纯系胡说，疾风暴雨，还说是祥瑞吗？"道衍笑道："飞龙在天，哪得不有风雨？檐瓦交堕，就是将易黄屋的预兆，为什么说不祥呢？"朱棣听了，转怒为喜。

于是，朱棣设计杀死了张昺、谢贵两人，冲散了指挥使彭二的军

六、性格好，品行就有了修养

143

马，安定了北平城，改用洪武三十二年的年号，部署官吏，建制法令，公然造反了。经过3年的反复苦战，朱棣终于打败了建文帝，登上皇位，并迁都北平，成为中国历史上较有作为的皇帝。

朱棣的成功可以说得益于他坚忍的性格。

在竞争中，成大事者在自己的实力强于对方时，就会主动出击，以秋风扫落叶之势奠定胜局；如果实力大不如人，便能坚忍，审时度势，以退为进，避其锋芒，退而积蓄自己的力量，并诱敌深入窥其缺点，然后主动出击，后发制人，挽回局面。

不要狂妄自大

性格狂妄所体现的是人的一种轻薄、一种浮浅、一种无知。"狂"的本意指狗发疯，如狂犬。处世如果与"狂"相结合，便会失去人的常态。

君不闻，人们称狂妄轻薄的少年为"狂童"；称狂妄无知的人为"狂夫"；称举止轻狂的人为"狂徒"；称自高自大的人为"狂人"；称放荡无羁的人为"狂客"；称狂妄放肆的话为"狂语"；称不拘小节的人为"狂生"……它不仅会刺伤他人，更会刺伤自己。

三国时候，祢衡很有文才，在社会上很有名气，但是，他恃才自傲，除了自己，任何人都不放在眼里。容不得别人，别人自然也容不得他。所以，他"以傲杀身"，被黄祖杀死。

祢衡所处的时代，各类人才是很多的，但他目中无人，经常说除了孔融和杨修，"余子碌碌，莫足数也。"即使是对孔融和杨修，他也并不很尊重他们。祢衡20岁的时候，孔融已经40岁了，他却常常称他们为"大儿孔文举，小儿杨德祖"。

经过孔融的推荐，曹操接见了祢衡。见礼之后，曹操并没有立即让祢衡坐下。祢衡仰天长叹："天地这样大，怎么就没有一个人！"

曹操说："我手下有几十个人，都是当今的英雄，怎么说没人？"

祢衡说："请讲。"

曹操说："荀彧、荀攸、郭嘉、程昱机深智远，就是汉高祖时候的萧何、陈平也比不了；张辽、许褚、李典、乐进勇猛无敌，就是古代的猛将岑彭、马武也赶不上；还有从事吕虔、满宠；先锋于禁、徐晃，又有夏侯惇这样的奇才、曹子孝这样的人间福将，怎么说没人！"

祢衡笑着说："您错了！这些人我都认识，荀攸只是个看坟墓的料；程昱仅能开开门；郭嘉倒还可以读几句辞赋；张辽在战场上只配打打鼓、敲敲锣；许褚也许能放放牛、牧牧马；乐进和李典当当传令兵勉强凑合！"

祢衡这一顿讽刺、挖苦激怒了曹操，曹操大喝道："你又有什么能耐？"

祢衡说："天文地理无所不通；三教九流无所不晓；辅佐天子，可以使他们成为尧、舜；个人道德，可以与孔子、颜渊相比，我怎能与这些凡夫俗子相提并论呢？"

这时，张辽在旁边，听到祢衡这样狂妄，公开侮辱大家，气得抽出宝剑要砍他，曹操止住他说："我目前正缺少一个敲鼓的人，早晚朝贺和宴会都要有人敲鼓，就让祢衡去做吧！"

老奸巨猾的曹操，企图用这个办法狠狠羞辱一番祢衡，谁知祢衡一点也不拒绝，很爽快地答应这个差事，告辞去了。张辽恨恨地问曹操："这个家伙讲话这般放肆，为什么不让我杀他？"曹操笑笑说："这个人在外面有点虚名，我今天杀了他，人家就会议论我容不得人。他不是自以为很行吗，那就叫他敲敲鼓吧！"

第二天中午，曹操在丞相府大厅上邀请了很多客人赴宴，命令祢衡打鼓助兴。原先打鼓的人叮嘱祢衡打鼓时必须换上新衣，但祢衡却穿着旧衣服进入大厅。祢衡精于音乐，打了一通"渔阳三挝"，音节响亮，格调深沉，发出金石般的声音，座上的客人情绪热烈，激动得流下泪来。曹操的侍从们突然挑剔地叫道："打鼓的为什么不换衣服？"谁知祢衡竟当众脱下身上的破旧衣服，赤裸裸地站在那里，客人们惊得一齐掩起面孔。祢衡又慢慢地脱下裤子，一直不动声色。曹操责问他，为何如此，祢衡严峻地回答说："目中没有君主，才是不懂礼仪；我不过是暴露一下父母给我的身体，以示我的清白罢了！"

　　曹操抓着祢衡的话逼问说："你说你清白，那么谁又是污浊的？"

　　祢衡直指曹操说："你不识人才，是眼浊；不读诗书，是口浊；不听忠言，是耳浊；不通晓古今的知识，是头脑污浊；不能容纳诸侯，是胸襟污浊；经常打着篡夺皇位的念头，是心地污浊。我是社会上知名的人，你强迫我打鼓，这不过如同当年奸臣阳虎轻视孔子、小人臧仓毁谤孟子一样。你要想成就称王称霸的事业，这样侮辱人行吗？"

　　祢衡这样犀利地当面抨击曹操，使大家都非常吃惊。当时孔融也在座，生怕曹操一气之下会杀害祢衡，便巧妙地为祢衡开脱说："大臣像服劳役的囚徒一样，他的话不足以让英明的主公计较。"曹操听出孔融在帮祢衡讲话，事实上他也不想在这宾客满座的场合承担残害人才的恶名。只见他装作气量宏大的样子，用手指着祢衡说："我现在派你到荆州出使。如果说得刘表来归降，我就重用你担任高官。"祢衡知道刘表是不会归附曹操的，派去的人也会凶多吉少，这分明是曹操在使借刀杀人的伎俩，不肯答应。曹操立即传令侍从，要他们备下3匹马，由两人挟持祢衡去荆州。一面还通知自己手下的文武官员，都到东门外摆酒送行，真是既毒辣又狡猾。

　　祢衡大胆地痛斥曹操，在当时有一定的正义性。但由于他恃才傲物，往往出语伤人，也不讨刘表喜欢。刘表察觉到曹操存心把祢衡送来，好让自己杀他，既解了曹操的恨，又把杀害贤人的罪名戴到自己头上，便也使了一个与曹操同样的圈套，把祢衡转派到生性残暴的江夏太守黄祖那里。果然，祢衡在宴席上讽刺黄祖，说黄祖好像是庙里的菩萨，只受香火，可惜并不灵验，最后被黄祖所杀。

虽有一定的才智，但过于自傲，会树敌过多，于己不利。不懂得收敛的人，会给自己带来许多麻烦，这种教训是十分深刻的。

性格狂妄自大者，往往为人孤傲，会得罪别人，孤立自己。于此，也意味着在给自己挖陷阱。

狂人在任何地方都不会受人欢迎，即使在某种情况下，人们对其狂态不加以严斥，也会厌恶在心。因为狂妄本身就是缺乏修养的表现。

概言之：自己有无本事，本事有多大，别人都看得见，心里都有数，不用自吹，更不能狂妄。有道是："天不言自高，地不言自厚。"没有多少人乐意接纳一个言过其实的人，更没有一个人乐意帮助一个出言不逊的人。不论是庄子、老子，还是孔子，儒道两家都劝人要以谦让为上，不可自作聪明地显示、夸耀自己的才能和实力。只有稳住自己的性格，才能不被人妒忌，才能真正达到自己的目的。

自吹自擂会影响事业的成功与发展

很多人喜欢在别人面前自吹自擂，似乎这样做会让自己显得很有身份，很有面子。殊不知，这样的性格不仅不会赢得他人尊重，反而在无形之中给人一种做事轻浮、华而不实的感觉，进而影响到自己事业的成功与发展。

小赵是某名牌大学的毕业生，进入单位以后，他做事积极认真，态度和蔼，起初，同事们对他的印象还不错，上司也觉得他比较踏实，是个值得放心的下属。

可是时间一长,小赵的坏毛病——自吹自擂就暴露出来了,他常常在同事面前吹嘘自己的能力和人脉,并且还对同事拍胸脯说,有什么麻烦尽管找他。可实际上,同事真正有事找他,他往往又打马虎眼,借故推脱。次数一多,同事们都觉得他太华而不实了,逐渐开始疏远他。

半年以后,上司打算提升小赵做自己的副手,便征询某位员工的意见,那位同事迟疑片刻,说:"小赵工作能力不错,不过呢,有点太爱吹了……"

上司又征询了其他几位下属的看法,让他意想不到的是,结果居然惊人的一致:小赵太爱自我吹嘘了。既然大家都给出这样的评价,上司自然也无法公然提升小赵了。就这样,小赵失去了一次好的升迁机会,而且还给上司留下了不好的印象,不再像以前一样器重他了。小赵因此失去了工作的积极性和热情,再也无心工作,很快就辞职离开了。

在生活和工作中,适当地张扬一下自己的优点,可以更好地展示我们自身的特长,赢得他人赏识,同时还能对自己的事业发展产生重要的影响。但是,自我展示也要有一定的限度,不能为了获得他人的重用或赏识,就一味地夸大自己的优点,那样就容易养成自吹自擂的坏习惯,其结果不仅不能引起他人的注意,反而会给人留下不良印象,从而影响到自身的发展以及事业成功。

从上文的事例中,我们可以清楚地看到,小赵之所以遭遇失败,最根本的原因就在于他在做事的时候,养成了自吹自擂的坏习惯,从而影响到了自身的发展和前途。从小赵的心理状态来说,他的目的无非是为了展示自己的长处和优势,期望可以引起上司的注意,从而给予他机会展现自己的才华。但是,小赵却表现得太过了,夸大了自己的能力,自然就给人一种自吹自擂的印象。

事实上,在现实社会里,我们常常都能遇到像小赵这样的人,他们往往具有一定的能力与水平，但是在展示能力的时候却没有选择合适的方式，往往因为自吹自擂而给人留下不好的印象，从而也就容易影响到事业的发展与成功。

可以这样说，喜好自吹自擂的性格是影响一个人获得成功的主要障碍，是阻碍一个人进一步发展的拦路虎。一方面它会使人变得盲目自大，自以为是，目空一切；另一方面，自吹自擂还会让人觉得华而不实，不容易让人产生信任感。因此，在生活中，如果喜欢在他人面前自吹自擂的话，很容易影响到人际关系的发展，自然就会影响到事业的成功；而在工作中，如果总是喜欢自吹自擂的话，则很容易引起老板或上司的反感，久而久之，根本就无法得到重用，无法获得展现自我才能的机会。

也许你有很强的能力，但那又怎么样呢？没有好的机会，你的能力根本就无从体现，也就永远不可能有实现成功的可能。因此，我们要想成功的话，就一定要改变这种性格。

居功骄横，自毁人生

年羹尧是清代一员著名的武将，他军功赫赫，却居功骄横。正是因为他放纵骄横的性格，为自己的政治前途，乃至生命埋下了祸根，成为又一名以悲剧告终的历史功勋人物。

康熙末年，在皇室内部激烈的皇位争斗中，具有远见卓识的年羹尧认定了未来的皇位继承人将是康熙第四子胤禛，所以他选中胤禛作为自己未来政治前途的"监护人"。

在他的政治监护人登基前后，作为一名重量级的朝廷大员，他在平定西北地区少数民族的叛乱中战功赫赫，维护了各少数民族的团结，稳

定了北部边疆，显示出他卓越的军事才能和管理才能，并因此得以青云直上，达于极端，几乎是一人之下，万人之上了。

在皇位的争斗中，年羹尧作为一位拥有重兵戍守边疆的封疆大臣，他的支持分量之重是不言而喻的。因此，他也是雍正帝取得皇位的大功臣。

但在雍正王朝激烈残酷的倾轧斗争中，居功自傲、恃宠骄横的年羹尧注定要成为牺牲品和替罪羊，逃脱不了由时代铸定，也由他自己的性格造成的悲剧命运。

据史载，当年年羹尧门下有一个湖南长沙人，咄咄怪人孙剑才，做其幕僚已有很久。

有一年，年羹尧大兴土木，兴建府第，术士们都来恭贺，他们异口同声地说兴建这个府第是"百年大业"，孙剑才却说了句极不吉祥的话："转眼间即将化为废墟！"年羹尧一听，大怒，喝令手下人将他拉出去杀掉。孙剑才并不害怕，只是要求说道："请让我只说一句话再去死。"年羹尧听说便又将他召回来，孙剑才便说："大将军大祸临头而还不醒悟——现在我愿就死。"年羹尧一听，心中不免一惊，免其死，忙让他讲明原因，孙剑才便说："大将军功劳卓著，威震四海，然而功高震主，这必然会引起皇上的猜疑。"

年羹尧虽功勋卓著，智慧非凡，但骄横不可一世，在得到其门人警告之后，依旧居功恃宠，不思悔过，不为自己再谋生路，其悲惨结局已是注定。

到雍正乙巳年，即公元1726年，年羹尧被赐死。他的儿子被一个强盗劫走，这个强盗教他儿子读书、学剑。这个强盗是谁呢？就是孙剑才。他预料到年羹尧一定不会善终，弄不好，满门抄斩还不够，恐怕还得诛灭九族。孙剑才想为年羹尧保存一丝血脉，所以就采取了一个拦路劫人的智谋。几年以后，年羹尧果然遭劾查办，彻底垮台了。

据史载：年羹尧共计贪赃银 350 余万两，罪状 92 条。廷议要对他施大辟之刑，其父及兄弟子孙、伯叔之子，年 16 岁以上者皆斩，15 岁以下及母女妻儿姊妹并予功臣家为奴。上奏到雍正皇帝，雍正"恩予自裁，子富立斩，余 15 岁以上之子，发边充军。其父遐龄、兄广东巡抚希尧革职免罪。"已经算是对他的恩赦了。

这位战功赫赫，又是雍正心腹的清王朝一代大臣，最后由雍正予以宽宥"赐死"，结束了他既是功臣，又是罪人的一生。

可怜年大将军，东征西杀一心为主，却不曾想雍正竟会秋后算账，将其辛劳功勋一笔抹煞，最后赐死，还是天大的恩宠。然而这样的结局却也正是年羹尧自大骄横的性格所造成的。

小肚鸡肠难成大器

明代洪应明在《菜根谭》中说道："不责人小过，不发人隐私，不念人旧恶，三者可以养德，亦可以远害。"这是教人处世的重要智慧。意思就是：不要责难别人犯下的轻微过失，不要随便揭发他人生活中的隐私，更不可以对他人过去的过失或旧仇耿耿于怀，久久不肯忘掉。做到这三点，不但可以培养自己的品德，也可以避免遭受意外的灾祸。

一个人能够拥有宽容的性格，他就能容忍他人的过失，这需要自己有度量。所谓度量，原本是指计量长短和容积的标准，人们后来拿它喻指人的器量胸襟。

"将军额上能跑马，宰相肚里能撑船。"蔺相如位尊人上，廉颇不服，屡次挑衅，但他仍以国家利益为上，以社稷为重，处处忍让。三国时期的蒋琬，有下属在背后说他的坏话，认为他办事不行，不如前人。有人向他告发，他也毫不介意，还说那人说得对，自己确实不如前人。

六、性格好，品行就有了修养

何以如此？气量大也。

有的人却气量狭窄，锱铢必较，小肚鸡肠，不能容事。

《三国演义》中，诸葛亮气死周瑜、骂死王郎，这两个人怎么这么容易就死了？皆因为气量狭窄。我国汉代的才子贾谊，他的《过秦论》、《论积贮疏》名满天下，传诵至今，可他却在32岁那年，因遭权贵的诽谤、排挤，"自哭自泣，至于夭绝"。为什么会这样呢？气量小也。

一个人度量的大小，根本原因就在于是否志存高远。有远大抱负的人，是不会计较眼前得失、个人荣辱的。因胸怀大志，才胸襟开阔。"西安事变"发生后，很多人都主张处死蒋介石。此时，可以说杀蒋介石易如反掌。可国难当头，为了国家与民族的利益，周恩来亲赴西安，劝说张学良、杨虎城释放蒋介石，以促成共同抗日。没有救人民于水火、抵外侮于国门外的博大胸怀，能做到这一点吗？根本不能。杀了蒋介石，虽解除了很多人的心头大恨，但那却是不智之举。

再如宋代的欧阳修，他在朝中担任要职时，曾荐举王安石、吕公著、司马光3人当宰相，而这3个人对欧阳修可以说都很不敬。欧阳修因为欣赏王安石的才华，曾赠诗给王安石，希望他在政治、文学上能取得卓越超群的成就。而王安石却没把他放在眼里，还回赠诗："他日若能窥孟子，此身何敢望韩公。"给欧阳修吃了一个闭门羹。吕公著是前朝宰相吕夷简的儿子，他们父子二人都曾攻击过欧阳修，欧阳修贬官滁州，就有他们父子从中推波助澜。司马光与欧阳修也不睦，曾经当面顶撞、指责他。但是欧阳修觉得这3个人有才学，有能力胜任宰相一职，认为他们能为国家做一些事情，因此以如海之度量举荐了他们。

若没有为社稷着想、以国事为重的观念，怎能如此记"仇"？而欧阳修也以其宽广的胸怀为后人所称道。

鼠肚鸡肠、气度狭小、因一件小事就耿耿于怀的人终究成不了大气候，纵有雄心壮志，也是徒劳。

得理也该宽容让人

性格狭隘的人往往是记仇心强，报复心大。尤其是对与自己发生过矛盾的人，一旦在某些事上抓到了理由就紧揪不放。他们往往不懂得宽容让人的极大益处。其实，为了更好地融洽关系、立足人生，得理也该宽容让人。因为让人能使矛盾化解，争斗平息，对手变朋友，仇人变伙伴。对个体具有极大的价值。

得理不让人，让对方走投无路，有可能激起对方"求生"的意志，而既然是"求生"，就有可能是"不择手段"，这对你将造成伤害。好比老鼠关在房间内，不让其逃出，老鼠为了求生，会咬坏你家中的器物。放它一条生路，让它逃命要紧，便不会对你的利益造成破坏。

汉代公孙弘年轻时家贫，后来官居丞相，但生活依然十分俭朴，吃饭只有一个荤菜，睡觉只盖普通棉被。就因为这样，大臣汲黯向汉武帝参了一本，批评公孙弘位列三公，有相当可观的俸禄，却只盖普通棉被，实质上是装模作样、沽名钓誉，目的是为了骗取俭朴清廉的美名。

汉武帝便问公孙弘："汲黯所说的都是事实吗？"公孙弘回答道："汲黯说得一点没错。满朝大臣中，他与我交情最好，也最了解我。今天他当着众人的面指责我，正是切中了我的要害。我位列三公而只盖棉被，生活水准和普通百姓一样，确实是故意装得清廉以沽名钓誉。如果不是汲黯忠心耿耿，陛下怎么会听到对我的这种批评呢？"汉武帝听了公孙弘的这一番话，反倒觉得他为人谦逊，就更加尊重他了。

公孙弘面对汲黯的指责和汉武帝的询问，一句也不辩解，并全都承认，这是何等的智慧呀！汲黯指责他"使诈以沽名钓誉"，无论他如何辩解，旁观者都已先入为主地认为他也许在继续"使诈"。公孙弘深知这个指责的分量，采取了十分高明的一招，不做任何辩解，承认自己沽名钓誉，这其实表明自己至少"现在没有使诈"。由于"现在没有使诈"，指责者及旁观者都认可了，也就减轻了罪名的分量。公孙弘的高明之处还在于对指责自己的人大加赞扬，认为他是"忠心耿耿"。这样一来，便给皇帝及同僚们这样的印象：公孙弘确实是"宰相肚里能撑船"。既然众人有了这样的心态，那么公孙弘就用不着去辩解是不是沽名钓誉了，因为自己的行为没有什么政治野心，对皇帝构不成威胁，对同僚构不成伤害，只是个人对清名的一种癖好，无伤大雅。

对方无理，自知理亏，你于"理"明显胜过对方，放他一条生路，他会心存感激，来日也许还会报答你，就算不会图报于你，也不太可能再度与你为敌。这就是人性。

得理不让人，伤害了对方，有时还会连带伤害对方的家人，甚至毁了对方。这有失厚道。得理让人，也是一种人情积蓄。

人海茫茫，却常"后会有期"。你今天得理不让人，谁知他日你们二人会不会再相逢？如果到时候对方势旺你势弱，你就可能吃大亏了！"得理让人"，这也是为自己以后做人做事留条后路。

坚毅是强者不可缺少的品质

坚毅是刚与毅的结合，具有这种性格的人不仅性格刚强，而且还具有顽强持久的意志力。这也正是强者所不可或缺的品质。在生活的海洋中，事事如意、一帆风顺地驶往彼岸的事情是很少的。或学习上遇到困难，或工作中受到挫折，或生活上遭到不幸，或事业上遭到失败，这些都有可能发生。当不幸的命运降临到我们身上的时候，我们应当怎么办呢？

唉声叹气、自叹"时乖运蹇"、自认倒霉，这是一种态度。在打击和磨难面前，仅仅停留于无休止地叹息，不会帮助你改变现实，只会削弱你与厄运抗争的意志，使你在无可奈何中消极地接受现实。

悲观绝望、自暴自弃，这也是一种态度。一遇挫折就悲观失望，承认自己无能，这是意志薄弱、缺乏勇气的表现，也是自甘堕落、自我毁灭的开始。用悲观自卑来对待挫折，实际上是帮助挫折打击自己。是在既有的失败中，又为自己制造新的失败；在既有的痛苦中，再为自己增加新的痛苦。

在我们的生活中，倘若遭遇到不幸，就应鼓起勇气，振作精神，以刚毅的精神同厄运进行不屈的斗争。

1921年夏天，罗斯福得了脊髓灰质炎。尽管他经过了多年的艰苦锻炼，试图重新用腿来走路，但他走路时仍然只能靠支架和拐棍了。被人背着或用轮椅车推着，已成了罗斯福生活中的正常现象。但是，罗斯福从不抱怨自己的残疾，很少对朋友、同事们提起此事。有人问他，是否对这些不便感到烦恼，他却说："假如你在床上躺上两年，连大拇指都很难动弹一下，受过这种滋味，再干别的就容易多了！"

1928年，当几乎瘫痪的罗斯福开始竞选纽约州长时，他镇定自若的态度给众人留下了非常深刻的印象。有一次，他到纽约市的约克维尔区的礼堂去讲演，就是以这种镇定自若的态度让别人抬着他通过安全门进入集会大厅的。有人评论说，罗斯福的成功之道首先就是承受了身体上需要别人帮助的最大羞辱，他微笑着经受了这一羞辱。他从那可怕的、令人难堪和令人羞辱的入口进来了，态度却是那样愉快、谦恭和刚毅。他靠着支架艰难地站起来，调节了一下，挺起胸膛，理了理头发，挽着儿子吉姆的手臂，一步一颠地走上了讲台。似乎这一切都很正常。

就是拖着这样一具残体，罗斯福战胜了所有强健的竞争对手，不但顺利当选了纽约州长，而且成为美国历史上唯一一位连任四届、政绩十

六、性格好，品行就有了修养

分显赫的总统。

生理上的残疾并不可怕，可怕的是心灵上的残疾。因为获得成功的最重要的因素是来自于伟大而坚强的意志。

在生活中的不幸面前，有没有坚强的性格，在某种意义上说，也是区别伟人与庸人的标志之一。巴尔扎克说："苦难对于一个天才是一块垫脚石，对于能干的人是一笔财富，而对于庸人却是一个万丈深渊。"有的人在厄运和不幸面前，不屈服、不后退、不动摇，顽强地同命运抗争，因而在重重困难中冲开一条通向胜利的路，成了征服困难的英雄、掌握自己命运的主人。而有的人在生活的挫折和打击面前，垂头丧气、自暴自弃，丧失了继续前进的勇气和信心，于是成了庸人和懦夫。

鲁迅说得好："伟大的胸怀，应该表现出这样的气概——用笑脸来迎接悲惨的命运，用百倍的勇气来应付自己的不幸。"

拥有坚毅的性格可以战胜一切艰难险阻，任何困难和挫折都不能阻止他们前进的脚步，忍受压力而不气馁，勇于知难而进，是最终成功的要素。努力锤炼性格的坚毅，人人都可以走向成功，也只有这样才能更好地适应社会的发展，在充满竞争的社会中始终立于不败之地。

坚忍需要磨砺

在现实生活中，不管是做人还是做事，每个人都难以避免遭遇失败和挫折。世上有许多人很注重事情表面的结果，只以成败论英雄，一旦遭到失败和挫折就马上放弃了。然而，人世间的许多事情，很难做到一举成功，必须具有坚忍不拔的性格才能坚持到底。因此，做事的过程才是最重要的：一个人如果在失败时不忘初衷，具备了跌倒之后随时可以爬起来的勇气和毅力，他就有希望走向最后的成功。

在日本，曾经有一位父亲很为他的孩子而苦恼，因为他的儿子虽然已经长到十五六岁了，可是却一点也没有男子汉的气概。于是，这位父亲只好去拜访一位在寺院修行的禅师，请他帮助训练自己的孩子。禅师对他说："你把孩子留在我的寺院里吧。3个月以后，我一定可以把他训练成真正的男子汉。不过，这3个月之内，你不可以来看他。"父亲考虑了一下之后同意了禅师的要求。

3个月之后，那位父亲如约来接他的孩子。禅师安排孩子和一个空手道教练进行一场比赛，以此验证这3个月的训练成果。教练一出手，孩子便应声倒地。那孩子站起来继续迎接挑战，但马上又被打倒，他就又站起来……就这样来来回回一共16次。禅师问父亲："你觉得孩子的表现够不够男子汉气概？"父亲回答说："我简直羞愧死了！心痛死了！！！想不到我送他来这里受训3个月，看到的结果是他竟然这么不禁打，被人一打就倒。"禅师说："我很遗憾你只看重表面的胜负。你有没有看到你儿子那种倒下去之后立刻又站起来的勇气和毅力呢？那才是真正的男子汉气概啊！"

坚忍要磨砺，急火难做美食。只要站起来比倒下去多一次就是走向成功。那些渴望成功的人，都懂得不能因为暂时的失败和挫折而自暴自弃，反而应该更加努力上进。

很早以前，在荷兰的一个小镇，来了一个只有初中文化程度、名叫列文虎克的年轻农民。他的工作是为镇政府守大门，一干就是几十年。他在工作之余，不下棋不打牌，只爱磨镜片。为了钻研磨镜技术，他到处求师访友，向眼镜匠学习，向炼金家请教，常在寂寞的深夜磨个不停。由于忙，减少了与亲友的往来，有人骂他是"不近人情的家伙"。对此，列文虎克无动于衷，锲而不舍地勤奋工作，磨出的复合镜片的放大倍数超过了专业技师，最终制成了当时无与伦比的精细显微镜，揭开了科技尚未知晓的微生物世界的"面纱"。为此他被授予巴黎科学院院

士的头衔，英国女王访问荷兰时，还专程到这个小镇拜会他，英国皇家学会也选他为会员。

列文虎克的成功告诉我们，干任何事情都要有坚忍不拔的精神。许多人在事业上的失败，常常不是因为没有选准目标，也不是因为事情难度大得不得了，而是因为他们缺乏坚强的意志和坚韧的品格。宋朝苏轼说过：古之成大事者，不唯有超世之才，亦必有坚忍不拔之志。这是一个客观规律，古今中外，概莫能外。列文虎克打磨镜片，一干就是几十年，其中的艰辛、枯燥和乏味不言自明，没有坚忍不拔的意志和锲而不舍的精神是万万不行的。他走的是一条"光荣的荆棘路"，打磨镜片是那样细小平凡，为了把手头上的每一块镜片磨好，他扎扎实实、一丝不苟地用尽毕生的心血完成每一个平淡无奇的动作。在他85岁那年，朋友们劝他安度余生，离开显微镜，他却说："要做成功一件事，必须花掉毕生的时间……"他活到90岁的高龄，也没有离开显微镜。正是把坚忍不拔的品格作为成功的法宝，列文虎克才走过了漫长而坎坷的崎岖小路，用辛劳的汗水浇出了绚丽的成功之花。

科学上的许许多多所谓"一举成功"、"一鸣惊人"的壮举，都是科学家们长久地进行顽强劳动的结果，都是以坚忍的性格和锲而不舍的精神去战胜无数困难的结果，诺贝尔奖金获得者、化学家戴维斯说："真正的雄心壮志几乎全是智慧、辛勤、学习、经验的积累，差一分一毫也达不到目的。"至于那些一鸣惊人的学者，只是人们觉得他一鸣惊人，其实他下的功夫和潜在的智能，别人并未能领会到。要想取得成功，没有什么"捷径"可走，也没有什么"锦囊妙计"，最需要的就是坚韧不拔的性格。正如法国微生物学家巴斯德所说："告诉你使我达到目标的奥秘吧，我唯一的力量就是我坚持的精神。"

坚持不懈，遇挫不弱

　　坚持不懈的性格是在个人的实践活动过程中逐渐发展形成的，它孕育在切实的劳动中，成长在和困难的斗争里。困难愈大，斗争愈艰巨、愈持久，愈能培养和锻炼坚持不懈的性格。刚强的意志并不是一朝一夕所形成的，它是长期磨炼、潜移默化的结果。像战斗英雄们在战斗中所表现出来的勇敢和刚强，并非来自战场上一时的冲动。相反，在英雄平时的生活中，在他们千百件的日常小事中，就已经包含着刚强性格的因素了。

　　前苏联英雄奥斯特洛夫斯基，在革命战争中受伤，后来引起全身瘫痪、双目失明、周身疼痛，光只是活下去就必须有巨大的毅力。但奥斯特洛夫斯基不仅咬紧牙关活了下来，还以惊人的毅力写出了《钢铁是怎样炼成的》等名著。奥斯特洛夫斯基的刚毅精神，也是在布尔什维克党培养教育下形成的革命人生观的直接结果。在今天的社会中涌现出来的一大批改革者中，许多人不忘时代的使命，他们强烈地感受到了一种"把改革推向前进"的使命感和责任感。因而他们能够跳出个人得失的圈子，关注改革的命运，能够冲出逆境，战胜厄运，以顽强刚毅的精神去争取改革的成功。由此可见，顽强刚毅的精神，实际上已超出了个人性格的范畴，它在很大程度上要靠人生信仰、追求等坚强的精神支柱来支撑。

　　第二次世界大战时期，美国有位海军上尉叫史密斯，他发现他的队长用来打靶的新方法很好。他想，如果用这种方法训练炮手，一定能收到极好的效果，一定能节省不少炮弹。于是，他写了一封信给他的上司，但他的上司对这个提议毫无兴趣。没办法，他又大着胆子写信给更高的长官，可是他的提议仍被驳回。他还是没有退却，他深信自己的提案是一个好的提案，对军队是有好处的。他继续向上申请，直到海军部长，可还是到处碰壁，没有人相信他的建议。

最后，他索性直接写信给罗斯福总统了。这样做是冒着危险的，因为依当时的军法，一切下级军官的公文，均须申交直属上级，然后由上级再依次转交上去。而史密斯为了自己的那个到处碰壁的建议，竟一炮轰到总统手里，他犯下了严重的藐视上级罪。

这位上尉冒险提议，终于得到了一个满意的答复。罗斯福总统郑重地同意考虑这个意见，他立即把上尉召来，给了他一次机会：当场试验他的意见对或不对。

他们在某处圈定了一个目标，先令军舰上的炮手用老式开炮法打靶，结果白白浪费了5个钟头的时间和大批炮弹，却一次也没有击中，而采用新方法却收到了良好的效果。罗斯福总统因此对他大加赞赏。

史密斯对于他的意见有着充分的自信，碰壁而不退却，非一般人可比。他确信自己的方法正确后，能够不懈地坚持自己的主张，遇挫折而不灰心，终于如愿以偿，获得圆满的结果。

一个人若能在任何情况下都勇敢地面对人生，无论遭遇么，依然保持生活的勇气、保持不屈的奋斗精神，他就是生活中的强者，一个真正刚强的人。相反，有些人在工作中遇到挫折、失败，或其他生活不幸事件的打击面前，之所以一蹶不振，精神崩溃，落到十分可怜的地步，一个重要原因就是缺乏坚强刚毅的性格。

铸就奋斗人生，练就强者风范

奋斗是自信性格的一种体现，是宁折不弯的精神气概，是一种力量美和沧桑美。

奋斗性格的内涵是顽强勇猛、坚毅果断、直而不肆、光而不耀。鲁迅说过：真的勇士，敢于直面惨淡的人生，敢于正视淋漓的鲜血。只有敢于面对现实、不屈不挠的人，才能铸就奋斗人生，练就强者风范。

左宗棠是清末著名的大臣，他曾主持洋务运动，出兵新疆，收复伊犁。他为人处世秉性刚毅，即使在面对洋人时，也表现得淋漓尽致。一次朝会，美国公使威妥玛高居上座，左宗棠一见便怒火中烧，毫不客气地指责道："这是王爷的座位，我都得坐在下面，你凭什么坐在那里？"这使傲气凌人的威妥玛羞怒交加，但面对一身刚毅的左宗棠也只能作罢。

霍英东这个名字人人皆知，在他名下有"立信建筑置业"、"信德"、"有荣"等60多家公司企业，经营范围涉及航运、房地产、石油、建筑、旅馆、白货等多方面。

霍英东并非出自于什么名门望族，他也只是个社会底层穷人的孩子，那么他是怎样创造出今天这样辉煌的呢？

霍英东1922年生于香港，在香港长大。童年时，全家人常年居位在舢板之上。他7岁时，父亲因暴风雨死在海里，生活的重担从此压在他母亲肩上。迫于生活的贫穷和压力，他们曾和许多患有肺病的穷房客共住在一层旧楼的大通间。母亲靠将煤灰转运到岸上的货仓这一小本生意，收取微薄佣金养家糊口。为了供他上学，母亲和姐姐省吃俭用。据他回忆："当时我在学校勤奋读书，课余协助母亲记账、送发票。由于日夜奔忙和营养不良，一天下来已是精疲力尽。"

抗日战争的爆发使霍家生活更为艰难。无奈，霍英东放弃学业去当苦力。18岁那年，他找到了第一件差事，在轮渡上当加煤工，但由于工作不力被老板解雇。他还去日本人扩建的机场工地当过苦力，每天的报酬是半磅米和7角钱，每天只吃一块米糕和一碗粥，常常饿得头晕眼花。

有一天由于不慎，他的一个手指被一个50加仑的煤油桶生生砸断。工头可怜他，给他分派了一个较轻的工作，让他修理货车。后来他还当过铆钉工、制糖工等。但是，童年时代的种种艰辛、生活的坎坷煎熬，培养了他自强不息的奋斗性格。

第二次世界大战结束后，当时的香港在运输方面有迫切的需求，霍英东看准这个机会，在亲友的帮助下，抢购了一些廉价运输工具，转手便获利很多。朝鲜战争爆发时，他抓住这个时机，在友人的资助下，开办船运业务。由于善于经营和胆识过人，他的事业发展得很快，逐渐在香港航运界崭露头角。但他并不满足于运输业上的成就。朝鲜战争结束之后，他看到香港房地产业有巨大的发展潜力，便毅然向房地产业进军。1954年他筹建了"立信建筑置业公司"，开始从事房地产生意。公司发展速度惊人，创办不几年，便打破了香港房地产的建楼纪录。同时他还开创了大楼分层预售的先例。

霍英东的事业虽然已经在多个行业获得成功，但他并不裹足不前，而是继续向新领域进军。20世纪60年代初，淘沙这个行当是香港许多有识之士都不敢涉足的事，原因是这行当用工多、获利少、赚钱难。而霍英东却在1961年底，去英国考察途经曼谷时以120万港币从泰国政府港口部购买了一艘大挖泥船，这艘船长288英尺、载重10890吨。后来他将其改名编列为"有荣四号"，他的淘沙事业从此有了长足的发展。他还派人去世界有名的造船厂购买了一批专用机械淘沙船。经营上他颇有特点：不图一时之暴利，而是与香港当局签订长年合同，稳妥获利。房地产业上他亦是如此。建筑业主要原料之一的海沙也是由有荣公司专门运输供应的。不久，他独自获得了香港海沙供应的专利权，成为香港淘沙业的头号大亨。仅仅2年多的时间，"有荣"业务便兴隆昌盛起来，有大小船只80~90艘，挖泥淘沙专用船也有12只以上。

香港回归后，他响应中央和政府的号召，在祖国投资，广州白天鹅宾馆以及中山温泉宾馆等就是他在国内的部分投资项目，他对祖国建设事业的支持和帮助也赢得了很高的评价。无疑，敢冒风险和勇于奋斗的性格特点，是他事业成功的重要因素。

　　没有一个人生来就具有奋斗的性格，也没有一个人不可能培养出奋斗的性格。我们不要神化强者，以为自己成不了那种钢铁般坚强的人。其实，普通人所有的犹豫、顾虑、担忧、动摇、失望等等，在一个强者的内心世界也都可能出现。鲁迅彷徨过，伽利略屈服过，哥白尼动摇过，奥斯特洛夫斯基想到过自杀，但这并不妨碍他们成为坚强刚毅的人。奋斗的性格和懦弱的性格之间并没有千里鸿沟，敢于奋斗的人不是不软弱，只是他们能够战胜自己的软弱。只要加强锻炼，从多方面对软弱进行斗争，那就有可能成为坚强奋斗的人。

　　拥有奋斗性格的人有着坚强的意志力，它能帮助人们克服一切困难，不论所经历的时间有多长，付出的代价有多大，无坚不摧的性格终能帮助人们达到成功的目的。

把挫折当成前进的阶梯

　　人若没有战胜困难的性格，就如同要磨拭刀刃缺乏磨刀石一样。因为刀尖只有在磨刀石的砥砺磨拭中才能变得锋利。也就是说，人若经不住困难的锤炼，则难有伟大可言。风筝是逆风而上，英雄则要逆境而上。

　　在人生这个大舞台上，不管你所担当的是什么角色，你越是能坚持，越是能奋斗，你成功的希望才会越大。

　　孟子说："自暴的人，不必与他交谈。自弃的人，不必与他同事。"对于自暴自弃的脆弱心理，我们必须谨慎地防范它。我们知道，在古今

中外的历史上，所有特殊的伟大人物都是从艰难困苦中奋斗过来的。拿破仑、华盛顿、甘地等人都是这样的。汉高祖刘邦以前只是一个小小的亭长，明太祖朱元璋曾是一个放牛娃。再从中国上古来看，舜曾是一个庄稼汉，管仲曾是士人，孙叔敖曾是渔民，百里奚是秦穆公用五张羊皮换来的。

这就是说，我们不要把自己的发展力量估计得太渺小，把环境的束缚力量估计得太强大。只要我们拥有刚毅的性格，勇敢地与外力拼搏，一定能有所成就。

伯纳德·帕里希于1828年离开了法国南部的家乡，那时他年仅18岁。按他自己的说法，"那时候一本书也没有，只有天空和土地为伴，因为它们对谁都不会拒绝。"当时他只是一个不起眼的玻璃画师，然而，他内心却怀着满腔的艺术热情。

一次，他偶然看到了一只精美的意大利杯子，完全被它迷住了，这样，他过去的生活完全被打乱了。从这时候起，他内心完全被另一种激情占据了。他决心要探究瓷釉的奥秘，看看它为什么能赋予杯子那样的光泽。

此后，他长年累月地把自己的全部精力都投入到对瓷釉各种成分的研究中。他自己动手制造熔炉，但第一次以失败告终。后来，他又造了第二个。这一次虽然成功了，然而这只炉子既耗燃料，又耗时间，让他几乎耗尽了财产，最后甚至买不起食物。然而，每次他在哪里失败就从哪里重新开始，最终，在经历无数次的失败之后，他烧出了色彩非常美丽的瓷釉。

为了改进自己的发明，帕里希用自己的双手把砖头一块一块垒了起来，建起了一个玻璃炉。终于，到了决定试验成败的时候了，他连续高温加热了6天。可是，出乎意料的是，瓷釉并没有熔化。但他当时已经身无分文了，只好通过向别人借贷又买来陶罐和木材，并且想方设法找到了更好的助熔剂。准备就绪之后，他又重新生火，然而，直到燃料耗光也没有任何结果。他跑到花园里，把篱笆上的木栅拆下来充柴火，但仍然没有效果；然后是他的家具，但仍然没有起作用。最后，他把餐具室的架子都一并砍碎扔进火里，奇迹终于发生了：熊熊的火焰一下子把瓷釉熔化了。秘密终于揭开了。

挫折就是阶梯，挫折就是机遇，挫折就是成功的开始。这个世上确有不少被埋没的人，但是，对于一个优秀的人来讲，无论他处在何种逆境之下，也一定可以取得某种程度的成功。不管遭遇多大的困难，他们也决不会沮丧，纵使遭受再大的挫折，也能重新站起，勇往直前。

曾国藩曾说："自强刚毅之性，可破一切逆境。"说得极为深刻。如果你想获得成功，就应当强化自己打败逆境的刚毅性格。

锲而不舍，金石可镂

锲而不舍是一种健康的性格，是一种宝贵的精神，是通往理想的金桥，是攀登高峰的云梯，是每一个优秀者的必备品质。它对推动个人的成长及事业的成功具有巨大的决定作用。

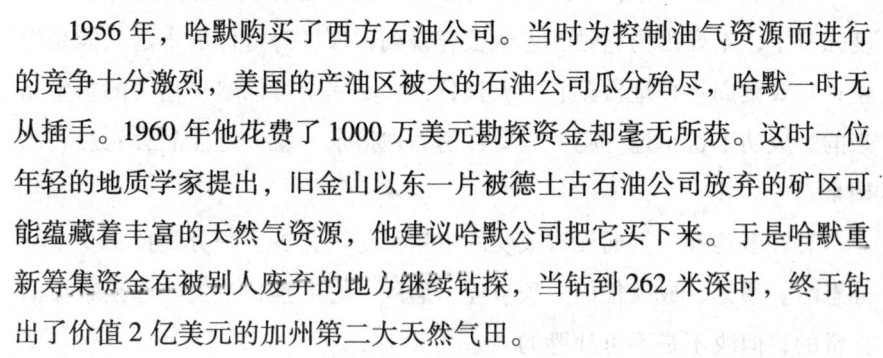

1956年，哈默购买了西方石油公司。当时为控制油气资源而进行的竞争十分激烈，美国的产油区被大的石油公司瓜分殆尽，哈默一时无从插手。1960年他花费了1000万美元勘探资金却毫无所获。这时一位年轻的地质学家提出，旧金山以东一片被德士古石油公司放弃的矿区可能蕴藏着丰富的天然气资源，他建议哈默公司把它买下来。于是哈默重新筹集资金在被别人废弃的地方继续钻探，当钻到262米深时，终于钻出了价值2亿美元的加州第二大天然气田。

日本名人市村清池，在青年时代曾担任富国人寿熊本分公司的推销员，每天到处奔波拜访，可是连一张保单都没签成，因为保险在当时是很不受欢迎的一种行业。

连续 68 天他都没有领到薪水，只有少数的车马费，就算他想节约一点过日子，也连最基本的生活都保障不了。到了最后，已经心灰意冷的市村清池就同太太商量准备连夜返回东京，不再继续拉保险了。此时他的妻子却含泪对他说："一个星期，只要再努力一个星期看看，如果真不行的话……"

第二天，他又重新打起精神到某位校长家拜访，这次终于成功了。后来他曾描述当时的情形说："我在按铃之际之所以鼓不起勇气的原因是，已经来过七八次了，对方觉得很不耐烦，这次再打扰人家一定没有好脸色让我看。哪知道对方这个时候已准备投保了，而且是只差一张保单还没签而已。假如在那一刻我过门不入，我的那张保单也就签不到了。"

在签了那张保单之后，又接二连三地有不少保单接踵而来，而且投保的人也和以前完全不同，都主动表示愿意投保。许多人的自愿投保给他带来了无人可比的勇气与精神，在一月内他就一跃成为富国人寿推销员中的佼佼者。

"锲而舍之，朽木不折；锲而不舍，金石可镂。"金石比朽木的硬度强多了，不要因为它硬，你就放弃镂刻，那样等待你的永远只能是失望；只要锲而不舍地镂刻它，天长日久，是完全可以雕出精美的艺术品来的。成功不也是这样吗？只要你努力地追求，就一定能品尝到胜利的硕果。

有许多功亏一篑而没有成功的事情都是因为少了一分坚持，少了一分忍耐。须知，成就任何一项事业，遇到一时的挫折或失败都是难免而正常的，但决不是不可战胜的。

耐心是性格，是成熟

齐白石是中国近代画坛的一代宗师。齐老先生不仅擅长书画，还对篆刻有极高的造诣，但他也并非天生具备这种天赋，他也经过了非常刻苦的磨炼和不懈的努力，才把篆刻艺术练就到出神入化的境界。

年轻时候的齐白石就特别喜爱篆刻，但他总是对自己的篆刻技术不满意。他向一位老篆刻艺人虚心求教，老篆刻师对他说："你去挑一担础石回家，要刻了就磨，磨了后又刻，等到这一担石头都变成了泥浆，那时你的印就刻好了。"

于是，齐白石就按照老篆刻师的指点做了。他挑了一担础石来，一边刻，一边磨，一边拿古代篆刻艺术品来对照琢磨，就这样一直夜以继日地刻着。刻了磨平，磨平了再刻，手上不知起了多少个血泡，日复一日，年复一年，础石越来越少，而地上淤积的泥浆却越来越厚。最后，一担础石终于统统都被"化石为泥"了。

这坚硬的础石不仅磨砺了齐白石的性格，而且使他的篆刻技艺也在磨炼中不断长进，他刻的印雄健、洗练、独树一帜。渐渐地，他的篆刻艺术达到了炉火纯青的境界。

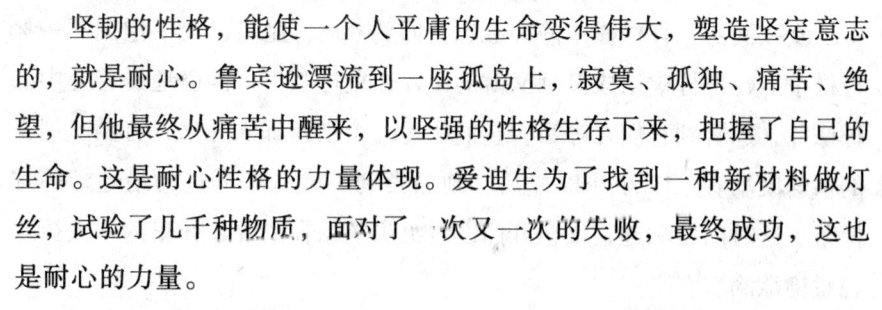

坚韧的性格，能使一个人平庸的生命变得伟大，塑造坚定意志的，就是耐心。鲁宾逊漂流到一座孤岛上，寂寞、孤独、痛苦、绝望，但他最终从痛苦中醒来，以坚强的性格生存下来，把握了自己的生命。这是耐心性格的力量体现。爱迪生为了找到一种新材料做灯丝，试验了几千种物质，面对了一次又一次的失败，最终成功，这也是耐心的力量。

一对情侣在咖啡馆里发生了口角，互不相让。然后，男孩愤然离

六、性格好，品行就有了修养

167

去，只留下他的女友独自垂泪。心烦意乱的女孩搅动着面前的那杯清凉的柠檬茶，泄愤似地用匙捣着杯中未去皮的新鲜柠檬片，柠檬片已被她捣得不成样子，杯中的茶也泛起了一股柠檬皮的苦味。

女孩叫来侍者，要求换一杯剥掉皮的柠檬泡成的茶，侍者看了一眼女孩，没有说话，拿走那杯已被她搅得很混浊的茶，又端来一杯冰冻柠檬茶，只是，茶里的柠檬还是带皮的。

原本就心情不好的女孩更加恼火了，她又叫来侍者："我说过，茶里的柠檬要剥皮，你没听清吗？"侍者看着她，微笑着说："小姐，请不要着急，柠檬皮经过充分浸泡之后，它的苦味溶解于茶水之中，将是一种清爽甘洌的味道，正是现在的你所需要的。不要想在3分钟之内把柠檬的香味全部挤压出来，那样只会把茶搅得很混，把事情弄得一团糟。"

女孩愣了一下，心里有一种被触动的感觉，她望着侍者的眼睛，问道："那么，要多长时间才能把柠檬的香味发挥到极致呢？"

侍者笑了："12个小时。12个小时之后柠檬就会把生命的精华全部释放出来，你就可以得到一杯美味到极致的柠檬茶，但你要付出12个小时的忍耐和等待。"侍者顿了顿，又说道，"其实不只是泡茶，生命中的任何烦恼，只要你肯付出必要的忍耐和等待，就会发现，事情并不像你想象的那么糟糕。"侍者说完就离去了。

女孩面对一杯柠檬茶静静沉思，回到家后，她自己动手泡制了一杯柠檬茶。她把柠檬切成又圆又薄的小片，放进茶里，静静地看着杯中的柠檬片，她看到它们在呼吸，它们的每一个细胞都涨开来，有晶莹细密的水珠凝结着。12个小时以后，她品尝到了她从未喝过的最绝妙的柠檬茶。这时门铃响起，女孩开门，看见男孩站在门外，怀里的一大捧玫瑰娇艳欲滴。

后来，女孩将柠檬茶的秘诀运用到她生活中的各个层面，她的生命因此而快乐生动。

生活有时就像故事中的柠檬茶，柠檬茶的清爽甘洌、极致美味的释放需要我们耐心地守候，幸福的生活何尝不是如此？耐心守候一份幸福，我们的生活也会快乐生动。

一位立志在40岁成为亿万富翁的先生，在35岁的时候，发现这样的愿望靠目前的薪水根本达不到，于是放弃工作开始创业，希望能一夜致富。过了5年，期间他开过旅行社、咖啡店，还有花店，可惜每次创业都失败了，他的家也陷于绝境。到40岁时，他心力交瘁的太太无力说服他重回职场，在无计可施的绝望下，跑去寻求智者的帮助。智者了解情况后对太太说："如果你先生愿意，就请他来一趟吧！"

这位先生虽然来了，但从眼神看得出来，这一趟只是为了敷衍他太太而来。智者不发一语，带他到庭院中。庭院约有一个篮球场大，庭院中尽是茂密的百年老树，智者从屋檐下拿起一个扫把，对这位先生说："如果你能把庭院的落叶扫干净，我会把如何赚到亿万财富的方法告诉你。"

虽然不信，但看到智者如此严肃，加上亿万财富的诱惑，这位先生心想扫完庭院有什么难的，就接过扫把开始扫地。过了一个钟头，好不容易从庭院一端扫到另一端，眼见总算扫完了，拿起簸箕，转身回头准备收起刚刚扫成一堆堆的落叶时，他却看到刚扫过的地上又掉了满地的树叶。懊恼的他只好加快扫地的速度，希望能赶上树叶掉落的速度。但经过一天的尝试，地上的落叶跟刚来的时候一样多。这位先生怒气冲冲地扔掉扫把，跑去找智者，质问智者为何这样开他的玩笑。

智者指着地上的树叶说："欲望像地上扫不尽的落叶，层层消磨你的耐心。只有耐心才能听到财富的声音；你心上有一亿的欲望，身上却只有一天的耐心，就像这秋天的落叶，一定要等到冬天时叶子全部掉光后才扫得干净，可是你却希望在一天就扫完。"说完，就请夫

妻俩回去。

临走时，智者对这位先生说，为了回报他今天扫地的辛苦，在他们回家的路上会经过一个粮仓，里面会有100包用麻布袋装的稻米，每包稻米都有100斤重。如果先生愿意把这些稻米帮他搬到家里，在稻米堆后面会有一扇门，里面有一个宝物箱，宝物箱里面有一些金子，数量不是很多，就当做是今天扫地与搬稻米的酬劳。

这对夫妻走了一段路后，看到了一间粮仓，里面整整齐齐地堆了约二层楼高的稻米袋，完全如同智者的描述。面对金子的诱惑，这位先生开始一包包地把这些稻米搬到仓外。数小时后，当快搬完时，他看到后面有一扇门，兴奋地推开门，里面确实有一个藏宝箱，箱上无锁，他轻易地打开宝物箱。

他眼睛一亮，宝箱内有一个小麻布袋，他拿起麻布袋并解开绳子，伸进手去抓出一把东西，可是抓在手上的不是黄金，而是一把黑色小种子，他想，也许这是用来保护黄金的东西，所以将袋子内的东西全倒在地上。但令他失望的是，地上没有金块，只有一堆黑色种子及一张纸条。他捡起纸条，上面写道："这里没有黄金。"

这位先生失望地把手中的麻布袋重重摔在墙上，愤怒地转身准备离开，却见智者站在门外双手握着一把种子，轻声说："你刚才搬的百袋稻米，都是由这一小袋的种子历时4个月长出来的。你的耐心还不如一粒稻米的种子，怎么能听到财富的声音？"

成功者要像棋坛高手一样，要沉得住气，既然知道这是一盘永远也下不完的棋，那么就让我们耐心一些慢慢下，一步一步地来。

由此可见，耐心不仅是一种健康的性格，更是一种成熟的标志。

用健康的性格把命运转换成使命

任何人都会憧憬着未来的辉煌成就，希冀有朝一日自己的生活能够光辉灿烂，甚至还盼望着看到"一步登天"的壮丽景观。有这种想法固然无可厚非，甚至还非常可贵，值得赞赏，但任何成就都是一步一步地干出来的，天上从来不会掉馅饼，你永远不要指望那些虚无的东西。要把美好的理想转化为现实，就必须要有一个健康的性格。

"天下大事，必作于细。合抱之木，生于毫末，九层之台，起于垒土。"只有将无数点点滴滴的创造艰苦地积累起来，才能逐步向大目标迈进。你要做的是：在你的身后留下一串坚实的脚印。

在古希腊神话中，有一个关于西绪弗斯的故事。西绪弗斯因为在天庭犯了法，被天神惩罚，降到人世间来受苦。天神对西绪弗斯的惩罚是：要他推一块石头上山。

每天，西绪弗斯都费了很大的劲儿把那块石头推到山顶，然后回家休息。可是，在他休息时，石头又会自动地滚下来。于是，西绪弗斯就要不停地把那块石头往山上推。就这样，西绪弗斯所面临的是：永无止境的失败。天神要惩罚西绪弗斯也就是要折磨他的心灵，使他在永无止境的失败中受苦受难。

可是，西绪弗斯肯认输吗？每次在他推石头上山时，他就想：推石头上山是我的责任，只要我把石头推上山顶，我就尽到责任了；至于石头是否会滚下来，那不是我的事。

当西绪弗斯再次努力地推石头上山时，他的心中依然非常的平静，他已把这件事当做一项使命去做了。因此，他没有急躁、没有悲观。如此的坚忍精神感动了天神，最终解除了对西绪弗斯的惩罚，又让他回到了天庭。

西绪弗斯的命运可以解释我们一生中为了追求成功所遭遇的许多事情。如果我们能把命运转换成使命，那么，在很大程度上，我们就能控制自己的命运。我们都能控制得了自己的命运，那还有什么做不成的呢？

毋庸置疑，长城不是一天修建好的，突出的成就都是用无数次的努力、无数次的拼搏和无数次的心血换来的，要取得成功就需要以坚强的性格奠定基石。

在我们的人生旅途上沼泽遍布，荆棘丛生，也许我们需要在黑暗中摸索很长时间，才能找寻到光明；也许我们眼前的风景总是山重水复，不见柳暗花明；也许我们前行的步履总是沉重、蹒跚；也许我们虔诚的信念会被世俗的尘雾缠绕，而不能自由翱翔……其实，这并不重要，也没有多大关系，只要我们拥有坚忍和顽强的性格，一切困难都会被踩在我们的脚下，成功的喜悦一定会洋溢在心头。

以坚忍成就辉煌

坚韧不屈是坚忍性格的最大特征，拥有这种性格的人，美丽的桂冠必将为其所摘，光明之门必将为其打开，因为失败只是垫脚石，只是开辟成功的过程。

居里夫人就具有这种性格，她几十年如一日孜孜不倦地探索、试验，终于把"镭"带给了全人类，同时也告诉了人们一个真理：只有坚忍的性格、锲而不舍地追求才能成就伟大的事业。

谈到居里夫人，人们马上会想到她在科学研究上的巨大成就，而且也会想到她曾两次获得诺贝尔物理奖，是世界上一位卓越的女科学家。

而这些成功的动力正是源于其坚韧不屈的性格。

居里夫人名叫玛丽,出生在波兰一个贫穷的教师家庭。也许是家庭的贫困造就了玛丽坚强不屈的个性,以至于日后在人类科学史上留下崇高的身影。

玛丽的家境虽然贫寒,但却陶冶了她良好的情操和勤奋的求知欲。她自幼聪明、刻苦,中学毕业后,由于母亲过早的去世和父亲年迈退休,不到19岁的玛丽不得不辍学出外谋生,去离华沙100公里的田产管理人Z先生家当家庭教师。但这并没能消磨玛丽勤奋刻苦的求学精神。

Z先生一家都对玛丽的工作很满意,他们尊敬她,到了她的生日,他们还送她鲜花和礼物。Z先生的长子卡西密尔恋上了这个聪明娴雅的女教师,而玛丽也喜欢上这个英俊且讨人喜欢的学生。谁知,二人的恋爱竟遭到了Z先生一家的竭力反对。他们认为,卡西密尔是他们最爱的孩子,他是很容易娶到当地门第最好而且最有钱的女子的,现在竟会喜欢上一个一文不名的女子,难道他疯了么?卡西密尔受到严厉的斥责之后,动摇了决心,他是个没有什么个性的青年。玛丽感到了富人对她的轻视,觉得很痛苦,她打定了主意,永远不再想到这次恋爱。一个性格坚忍的人越是在遭受打击时就越发变得坚强。为了使父亲不为此伤心,为了每月能给求学的二姐以资助,个性坚强的玛丽忍受了莫大的屈辱,继续在Z先生家工作,直至1889年才到了华沙另一位富有的F先生家中。

1891年,24岁的玛丽终于结束了长达近6年的单调的家教工作,坐上了开往巴黎的火车,开始了她光辉灿烂的新生活。她也许没有想到,她从此迈进了一个崭新的、广阔的世界,改变了她的一生。这年11月,她兴奋地踏进了著名的法兰西共和国理学院。入学后,她如饥似渴地刻苦学习,而对那些温情脉脉亲近她的青年人毫不感兴趣,她发

誓保持独立的生活，不再谈恋爱。每次考试，她都成绩优异，名列前茅。

后来，玛丽同法国著名物理学家彼埃尔·居里结婚。彼埃尔·居里是一位天才的学者，他在国内几乎默默无闻，但已经深为外国同行所推崇。他从小向往科学，思维独特，19岁时，就被任命为巴黎大学理学院德山教授的助手。

彼埃尔和玛丽结婚后，生活很拮据，但他们志同道合，相亲相爱，在十分艰苦的条件下进行着科学试验，而且配合得天衣无缝。当时在欧洲没有人对铀射线做过深入的研究，但居里夫妇认为，科学必须开拓无人走过的路，不然就不叫科学研究，于是他们选择铀射线为题目，探索铀沥青矿里第二种放射性的化学元素。他们买不起这种原料矿苗，就想利用廉价的铀沥青残渣。几经周折，他们用自己的钱买到了矿渣。原料有了，却没有实验室，向市政府申请遭到拒绝后，他们只得在理化学校借了一间堆置废物的厂棚。在这间破烂屋子里，他们习惯了酷暑和严寒，使用着极其简单的工具，把残渣弄碎加热，忍受着刺鼻的气味，连续几个钟头搅动大锅里的溶液，居里夫人是学者、技师，同时也是苦力。夫妇二人以超人的毅力一公斤一公斤地提炼了成吨的沥青矿渣，经过无数次的失败，反复地分析、测定和试验，终于在8吨的铀沥青残渣中，先后发现了钋和镭两种天然放射性元素，从而为促进原子能科学的发展起了重要的推动作用。而这一切没有坚忍的性格和巨大的勇气是绝对做不到的。

钋和镭的发现，轰动了世界，居里夫妇每天收到大批的信件，全世界都为这项空前的业绩感慨万分。玛丽和彼埃尔声誉鼎沸，1903年12月他们获得了诺贝尔物理奖。

正当他们在科学高峰上勇敢攀登、取得一个又一个胜利的时候，一个震惊世界的不幸事件发生了，当彼埃尔通过道芬街前往巴黎科学院时，被一辆拉货的马车撞倒了，他的颅骨被压坏，当场丧命。

彼埃尔的遇难，像晴天霹雳，使玛丽遭受了一场难以支撑的打击。那年，她 38 岁，丈夫的去世使她失掉的不仅是日夜相伴的爱人，而且是在科学研究的艰苦道路上共同奋斗的亲密战友。她伤心、她难过。

但居里夫人毕竟不是一般女性，她有着坚忍的个性，残酷的打击并没有击倒这位坚强的女科学家。她在处理完丧事之后，毅然鼓起勇气，担负起彼埃尔遗留下的工作。除完成繁重的教学任务和指导实验之外，她还埋头整理丈夫的笔记和遗稿，继续进行放射性元素的研究工作。

"镭的发现将创造出亿万财富。"如果居里夫妇申报专利的话，他们将从世界各国得到制镭的专利费。但是，他们没有这样做。玛丽和彼埃尔认为，科学应当属于全人类，毅然毫无保留地公布了他们苦心研究的成果。结果，首先向居里夫妇要求提炼镭的实业家发了大财。上世纪 20 年代初期，一克镭的价格高达 10 万美元。30 年代，加拿大发现了铀矿之后，爆发了一场价格战。一项卡特尔协定于 1938 年规定，一克镭的最低价格为 2.5 万美元，可想而知，如果居里夫妇索要专利费，可以获得巨大的财富。然而，他们做出的不要专利的决定，既符合他们所遵循的基本原则——大公无私，也符合科学精神。

居里夫人胜不骄、败不馁，这种坚忍不拔的个性永远鞭策她勇往直前。她的研究成果，再次受到世界科学界的重视。1911 年年末，瑞典科学院的评判委员会，再次授予居里夫人诺贝尔化学奖，她还取得了"镭王后"的称号。

居里夫人两次获得 20 世纪学者的最高荣誉，18 次获得国家奖金，获得了世界上 108 个名誉头衔，堪称独步科学界。在荣誉面前，居里夫人只有一句话："在科学上我们应该注意事实，不应该注意人的等级观念。"即使是论功行赏，她也始终以一颗平常心而视之。正如爱因斯坦所说的："在所有的著名人物中，居里夫人是唯一不为荣誉所颠覆的人。"

　　一个伟大的发现，一种传遍世界的声望，两次诺贝尔奖，使当时许多人钦羡居里夫人，也因此使许多人仇视她。恶毒的诬蔑，像一阵突如其来的狂风一样，扑到她身上，并且企图毁灭她。这一切并没有击倒居里夫人，生就坚韧不屈的个性，使她倔强地挺立着。

　　居里夫人无疑是世界上最伟大的科学家之一，这成功归根结底来自于她坚忍不屈的个性，丈夫的死难、灭国之辱、学术界中险恶之徒的攻击，这一切都没能阻止居里夫人的孜孜探求。个性坚忍的居里夫人顶住了痛苦、侮辱，终于把自己的巨大科学成就留给了后人。

七

性格好，抉择就有了关键

　　人生存在这个世界上，势必会受到不同价值观的影响，这种影响像空气一样弥漫在我们周围，无法逃避。尽管有些人没有价值观的概念，但他们的行为却无法避免地受到价值观的支配。于是，人们经常会遇到两者只选其一的情况。在这样的情况下，的确很难让人很快地做出选择，于是当事人忽略了时间的价值，犹豫不决，而最终可能带来意外的恶果，于是为此留下伤痛和遗憾。因而，一个人性格果断，那么他的抉择就有了关键。

果断是一种最可贵的性格

人生有无数个机遇，也有许多的困惑，面对这些该怎么办呢？是等待观望，还是决意行动？这时，果断的性格便显得难能可贵。

德国诗人、剧作家、思想家歌德曾激励年轻人：要想走向成功，就要想到做到，毫不踌躇。

林红由一所普通的大学刚一毕业，就兴致勃勃地来到人才市场上求职。整个会场人头攒动，她转了一圈，发现唯有澳柯玛公司的展台前无人问津，这与其他展台的热闹形成了鲜明的对比。

百思不解的林红走过去看了一下，暗自吃了一惊。原来，招聘启事上写得很明白，所招的几名业务员点名只要名牌大学毕业生，还必须有两年以上的工作经验。条件如此苛刻，难怪大家望而却步。

林红转身想走，但转念一想，这工作挺有吸引力的，他们不就是招聘普通员工嘛，于是林红心一横，打算去试一试。

她径直来到应聘桌前，那个主管指了指招聘启事："看过了吗？"

"看过了，不过有点遗憾，我一来不是名牌大学毕业，二来没有工作经验。"林红不慌不忙地回答。

那位主管把林红打量了好半天，才说："那你干嘛还来应聘，不怕吃闭门羹吗？"

林红微微一笑，说："主要是因为我热爱这份工作，虽然没有工作经验，但我觉得我完全有这个工作能力。学历是能力的一种参考，但决不是唯一的参考。经验是在工作过程中形成的。"林红停了停，又说："如果我具有你们所要求的那些条件，我就会来应聘像你这样的主管职位。"

那位主管笑了笑，竟出人意料地收下了林红的简历。更让人惊奇的是，第三天林红就接到通知，告诉她被录用了。林红问原因，主管说："那些招聘条件只不过是故意设置的门槛，谁有挑战这一门槛的勇气和果敢，谁就有可能是我们所需要的。"

林红的经历，也颇类似著名物理学家法拉第的故事。

早年的法拉第仅仅是一名书籍装订工人。有一次，他听说大名鼎鼎的英国皇家科学院的戴维教授要招聘一位科研助手，便兴冲冲地报了名。不料，考试前一天法拉第却接到这样的一个通知，说他是一个普通的装订工人，根本没资格应聘。法拉第虽然据理力争，但人家说除非他能得到戴维教授本人的同意，否则不予考虑。

于是，法拉第顾虑重重地来到戴维教授家门口，鼓起勇气敲响了门。

"门没锁，你进来吧！"屋里有个老人说道。

这位老人就是戴维教授，他听了法拉第的来意和请求后，沉思了一会儿，就写了一张条子给法拉第，说："小伙子，你把这个拿去给招聘委员会的人，说戴维老头子已经同意法拉第应聘助手了。"经过严格的考试，法拉第果然脱颖而出，如愿进入了华丽的皇家科学院，并最终成为著名的物理学家。

假如法拉第当初连敲门的勇气都没有，他怎会有日后的成功？

很多时候，绊住我们脚步的，往往不是我们的实力，也不是那些所谓的条件限制，而是自己的性格。敢想，更要敢做，这样才能脱离平庸，造就不凡。

那么，如何培养自己的果断性格呢？有关专家建议，可以从以下几方面着手去做：

1. 独立思考

只有善于独立思考，才能不为他人的意见所左右，对于自己认准的事才会全力以赴地去实施。

1929年，在世界范围内发生了一场经济危机，就连海上运输业也在劫难逃。当时，加拿大国有铁路拍卖中，10年前价值200万美元的6艘货船，仅以每艘2万美元的价格拍卖。在得知此信息后，希腊船王奥纳西斯像鹰发现了猎物一样，立即赶往加拿大谈这笔生意。他在拍卖会上一反常态的举动，令同行们瞠目结舌，感到不可思议。在海运业空前萧条、老牌海运企业家避之犹恐不及的情况下，奥纳西斯还执意投资于海上运输，简直是疯了！这无异于将钞票白白扔进大海。许多人好心相劝，甚至就连他的家人也认为他失去了理智。其实，这种担心完全是多余的，奥纳西斯当然不会眼睁睁地去做赔本生意。他有很强的独立思考能力，心里十分清醒，经济复苏和高涨的机会终将替代眼前的萧条，危机一旦过去，自己的资产就会升值。果然不出所料，经济危机过后，海运业回升和振兴居各行业前列。奥纳西斯从加拿大买下的那些廉价船只，一夜之间身价百倍，他的资产也成百倍地激增，使他一举成为"海上霸主"。

2. 不要优柔寡断

一天，一个年轻人很想到他的恋人家去找她出来一块儿度过一个愉快的下午。但是他又犹豫不决，恐怕去了显得太冒昧；或者恋人太忙，拒绝他的诚心邀请。他左右为难了老半天，最后勉强坐上一辆出租车出发了。但是，当车拐进他恋人住的巷子时，他就开始后悔：一是怕这次来不受欢迎，二是怕被恋人拒绝。此时他简直希望司机现在就把他拉回去。

车子终于停在恋人家的门前了，他虽然心里有点后悔，既然来了，只得伸手去按门铃。现在他又寄希望于来开门的人告诉他说："小姐不在家。"他按了第一下门铃，等了3分钟，没有人答应；他勉强自己再按第二下，又等了2分钟，仍然没有人答应。他如释重负地想："原来都出去了。"

于是他带着一半轻松和一半失望回去了。在路上他心里想：这样也好。但事实上，他心里很难过，因为这一个下午就这么无聊地过去了。

你能猜到他的恋人现在在哪里吗？他的恋人就在家里，她从早晨就在期待着自己的恋人会突然来找她，她不知道他曾经来过，因为她家门上的电铃坏了。那位年轻人如果不是那么犹豫不决，如果他抱着一种非见到她不可的坚定决心，按电铃没有人应声就用手拍门试试看的话，他们就会有一个非常快乐的下午。但是他没有下定决心，他只好徒劳而返，使自己和恋人彼此过得都那么不愉快。

对于任何一个人来说，做事犹豫不决、优柔寡断、瞻前顾后，实在是一个不可小觑的敌人。在它还没有伤害到我们、破坏我们的机会之前，就要把它消灭在萌芽状态。不要等待，不要犹豫、从现在起，就锻炼自己拥有一种遇事果断坚定的性格及遇事迅速做出决策的能力。这对于我们的一生有益无害。

3. 学会决断

决断是一种魄力，更是事业成败的关键。几乎每个成功的人都能迅速对某件事情做出决断，并且不会经常变动；而失败的人在做决断时，通常很慢，而且会经常变动决断的内容。当然，也有小部分人从来不敢做一些重要的决定，他们永远无法自行做主，并认真贯彻这一决断。学会决断，还要善于把握时机。俗话说："机不可失，时不再来。"果断的谋略总是在特定的时间、地点和特定的条件下才能保证成功的。学会决断，也必须去找出你所面临的最迫切的问题，并逐一对此问题做出决定，不管做出什么样的决定，总比不做决定要好。

4. 具备勇气

人生是一个不断选择的过程，在选择的同时要权衡、取舍。最关键的是要有勇气，并时刻准备好承担做出这种选择的后果。

石磊原在政府机关担任处级干部，生活无忧无虑。优厚的待遇、令人羡慕的职位，一切都是那么顺理成章。可他的心中总有一种说不出的失落感。看着那么多的朋友都在商海中大显身手，他也总有一种跃跃欲试的感觉。后来，他果然在人们的一片唏嘘声中辞去了令多少人垂涎不已的职位，毅然贷款几十万元办了一家民营企业，这不但给自己带来了实惠，而且解决了不少下岗职工的再就业问题。如今，谈起当初的决断，他自己都佩服自己当初的那份勇气。如果没有当初的那份勇气，他的生活就不会如此丰富多彩。

5. 果断并不等于不谨慎

　　《钢铁是怎样炼成的》一书中曾讲述过这样一段故事：

　　保尔·柯察金在途中见到自己的朋友朱赫来被白军的一个士兵押解着。此时此刻，保尔的心狂跳起来，猛然想起自己衣服袋里的手枪。于是决定等他们从身边走过时，开枪射死敌人。但是又一个令人忧虑的念头冲击着他："要是枪法不准，子弹万一射中朱赫来……"迟疑之间，白军士兵已走近面前。在这关键的时刻，保尔果断地一头扑向那个士兵，抓住了他的枪，死命地往下按……朱赫来终于得救了。保尔·柯察金果断的决定挽救了朋友，正是他准确把握时机的结果。否则，贸然地开枪，结局就难以预料了。

　　果断不同于冒失或轻率，果断是充分估计客观情况后做出的正确决定。因此，在情况发生变化时，要基于新情况，将决策适当地进行调整；然后，果断地予以实施。只有审时度势地做出果断的决策，才能更好地把握成功的机会。

　　果断，是一种性格，也是一种气质，它会让身边的人体验到雷厉风行的快感。果断更是一种意境，只有果敢行事、当机立断的人，才会让人钦佩、羡慕、信赖并从中获得安全感。

把握机会及时决断

在瞬息万变的商业社会里，把握时机、当机立断，是奠定胜利的重要法宝，这比那些崇尚空谈、迟迟不决的性格要强百倍。

任何生意交易，如果过于慎重，反而会错失良机。虽然慎重的性格是做生意的重要条件，但决不是成功的必要因素。进行计划时，达到及格的标准就可着手进行，如果事事追求完善，反而造成畏缩心理，以致计划迟迟不能实行。

然而，许多创业者耽于空想，总是"夜里想了千条路，白天还照老路行"。成功者喜欢说："你现在已经有了一个好的创意了吗？如果有，现在就去做！"

有这样一个故事。有个很有才气的教授，告诉朋友，他想写一本传记，专门研究"几十年以前一个让人议论纷纷的人物的轶事"。这个主题又有趣又少见，真的很吸引人。这位教授知道的很多，他的文笔也很生动，这个计划注定会替他赢得很大的成就、名誉与财富。

一年过后，教授的朋友碰到教授时，无意中提到他那本书是不是快要大功告成了？

老天爷，他根本就没写！教授犹豫了一下，好像正在考虑怎么解释才好。最后终于说他太忙了，还有许多更重要的任务要完成，因此自然没有时间写了。

他这么辩解，其实就是要把这个计划埋进坟墓里，他找出各种消极的理由。他已经想到写书多么累人，因此不想去努力，事情还没做就已经想到失败的理由了。

具体可行的创意的确很重要，高明的创意就是成功的先导。但是，

七、性格好，抉择就有了关键

光有创意还不够，还必须果断行动，去实施这一创意。高明的创意也只有在实施后才有价值。

每天都有几千人把自己辛苦得来的新构想取消或埋葬掉，因为他们不敢执行。过了一段时间以后，这些构想又会回来折磨他们。

拿破仑·希尔认为，天下最悲哀的一句话就是："我当时真应该那么做却没有那么做。经常都可以听到有人说：'如果我1952年就开始做那笔生意，早就发财啦！'或'我早就料到了，我好后悔当时没有做！'"一个好创意如果胎死腹中，真的会叫人叹息不已，永远不能忘怀。

及时出手的成功例子比比皆是：

田纳西曼菲斯的克莱伦斯·桑德斯看到人们在当时新兴的自助餐馆排长龙端菜吃，于是他有了灵感，想把自助的观念应用到杂货业。

他向经营杂货店的老板说明他的构想，老板告诉他，如果不需要人手包装送货，桑德斯就失业了。所以他不应该把时间浪费在愚蠢且不切实际的念头上。桑德斯辞掉工作，开了皮吉利·威吉利商店实践他的构想，并且为他赚得数百万美元，成为今天现代化超市的先驱。

决断并非一意孤行的"盲断"，也非逞一时之快的"妄断"，更非一手遮天的"专断"，决断除了要有客观的"事实"根据、见解高超的预见性眼光外，同时更要有决心与魄力。人生充满了选择，不管是读书、创业或婚姻，我们总要在几个可供"选择"的方案中，做一个"赌注式"的决断。对于我们所选择的结果究竟是好是坏，也往往没有明确的答案。机会难得，想再回头重新来过，是决不可能的。因此，我们可以说：决断是各种考验的交集。

凡是成功立业者，在其人生的旅途中，很少有能一步登天的。他们凭借着机智与眼光，在充满困顿、挫折和失败的环境中做出扭转乾坤的决定，终于柳暗花明，攀登上事业的顶峰。

据说，机会之神全身赤裸，滑溜溜的很不容易抓住，只是他光秃秃的头上有一小撮头发，人们仅能在他转身的瞬间，及时抓住他的头发，才能把他留下。

其实，上天并未特别眷顾那些抓住机会之神的幸运者，只不过他们用心良苦，一再对问题苦思对策，因而参悟玄机，获得机会之神的青睐。

一般而言，创业者所面临的问题都是"多元"的，单纯的问题或是例行公事，只要有相当的常识与经验，就可驾轻就熟、妥善地加以处理。至于错综复杂、牵涉较广的问题，除了要具备专业知识的素养外，更要有整体性的策略性思考：既不能被眼前的压力所慑服，又不被利害关系所迷惑，而要秉持公平、客观的态度，作应有的理性分析。因此，有自己独到的"见识"相当重要。

台湾天仁茗茶创业已有30多年。当年，李瑞河先生为了选择开业的地点，曾花了一番心思。有人建议他在台南县的佳里镇、麻豆镇开业，因为此地尚无茶庄，竞争压力小，容易捷足先登，李瑞河先生对此事一时也拿不定主意。

就在他举棋不定之际，有一天，他到麻豆、佳里一带了解市场，傍晚时分回到台南市，正好路过天仁儿童乐园，他就到园内凉亭休息，心里还在盘算着在何处开业的问题，很是忧烦。突然间，他眼前一亮，看到一个"奇特"的景象——很多人挤在花园旁的小鱼池钓鱼，旁边另一个大池边却只有小猫两三只，显得非常清静。

原来大池鱼少，小池鱼多，尽管大家拼命挤在小鱼池，但却不断有人钓到鱼。于是他联想到之所以台南市有那么多的茶庄，台南县各乡镇反而那么少，道理极其浅显，因为都市居民消费能力强，喝茶的风气盛行，加上几家茶行开业已久，自然聚集相当多的茶客。而麻豆、佳里乡仍然充满着农村社会的生活习惯，他们都不讲求奢侈的喝茶享受。

七、性格好，抉择就有了关键

由于钓鱼池的启示,他不再迟疑,信心十足地踏出事业的第一步,果然一鸣惊人。基于这种成功的经验,以后他都选大城镇的繁华地区开业,开创了台湾连锁经营的先河。

由此可知,李瑞河先生卓越的研究判断功力正是奠定决断的胜利基础。

人的见识愈高愈远,就会有曲高和寡的现象。尤其是一般人常满足于现状,陶醉于既有成就的美梦中,任何太激进的做法都会被视为"异端",遭到反对。这时若要力排众议,断然扫除"人为"的障碍,就必须具有足够的胆识和实践能力。

很多体育比赛都是一瞬间决定胜负的,到底应如何抓住那一刹那,确实令人煞费苦心。

日本相扑大王坪内寿夫为获取这一瞬间的奥秘,去请教角力专家。

"正如你所知,角力共有48手,这48手就是48'型',每一型各有其奥妙之处:有的是把对手压出角力场之外,有的则是把头压到对手的胸部……总之,变化很多。既然这样,角力选手如何记住这些变化多端的'自由'型呢?他们不是用头脑,而是靠'皮肤'的接触去记住的。要达到这个境界,就要下功夫去练习。"

一个人性格上优柔寡断,就不会决断果敢。决断就是努力向前。时光在飞逝,唯有放眼天下,正视眼前的挑战,我们才能运用我们所拥有的决断智慧,迎接时代的挑战。

优柔寡断不可取

一个人优柔寡断,从性格方面分析,就是因为个性太软弱。个性软弱是内在的性格因素,而优柔寡断就是这类性格的外在表现。有一个小故事很能说明这个问题。

华裔电脑名人王安博士在成名后回忆起一件他印象深刻的事情来。在他5岁的时候,有一天出去玩,路过一棵大树下的时候,从树上掉下来一个鸟巢,鸟巢里有一只翅膀还未长出羽毛的小鸟。王安觉得这只小鸟很可怜,就把它捧在手里往家里走去。走到家门口的时候,他突然想起妈妈从来不让他在家里养小动物。王安犹豫了一阵,不知道该怎么办,最后他决定将小鸟先放在门口,自己进去和妈妈说一说。

妈妈终于同意王安在家里养那只可怜的小鸟,但是当王安高兴地跑出来时,却找不到那只小鸟了,只有一只黑猫在那里意犹未尽地舔着嘴巴。

王安为此伤心了很久,然而他也从中得到了一个教训:只要是自己认定的事情,绝不可优柔寡断。深思熟虑固然可以免去一些做错事的机会,但同时也会失去成功的机遇。

优柔寡断的人容易在别人的言说中迷失方向。他们性格软弱,不敢坚持自己的意见,不敢明确地表示自己的态度,总是过于在意别人的看法,于是不仅为自己内心的斗争所困扰,而且还经常为别人的意见所困扰。因为靠自己的力量难以做出决定,所以优柔寡断的人往往习惯于聆听别人的意见,并且过分依赖别人的意见。善于聆听,本是一个优点,但是他们过分地依赖别人的想法,而"别人"不止一个,张三说东,李四说西,听谁的好,不听谁的好?这样一来,就更容易使自己陷入被动的局面了。

每个人都有自己的观点,如果经过周密的考虑,认为自己的见解是正确的,那就应该毫不犹疑地坚持。

现实的形势总是很复杂,各种真真假假的信息纷拥而至,令人眼花缭乱。对此人们就应该有决断的魄力。如果总是徘徊于各种意见之间,迷失了自我,失去了决策的勇气,迟迟做不出选择,后果就只能是迷失了方向，错失了良机。

《倚天屠龙记》里的张无忌就是一个典型的优柔寡断的人，他在面对4个深爱他的女人时，难以选择；面对多次加害于自己亲人与朋友的敌人时，更是下不了手，一味地宽容忍让。以他的性格，本来不适合做一个领导者，但因为种种机缘，后来他做了明教的教主，也就成了一个优柔寡断的领导人。看过这部小说的人都会记得，在全书的末尾，朱元璋势力渐强，手握重兵，战功显赫，他担心打下天下之后张无忌会做皇帝，便暗算了张无忌和赵敏。张无忌身怀绝世武功，即使遭了暗算，要制服朱元璋也并非难事。但由于他一贯优柔寡断，拿不出强硬的手段，最后只能退隐世外，任朱元璋大权在握，操纵天下了。

所以，对于成大事者来说，犹豫不决、优柔寡断是不行的。如果优柔寡断、缺乏果断决策的能力，那么你的一生就像深海中的一叶孤舟，永远漂流在狂风暴雨的汪洋大海里，永远达不到成功的目的地。一个人养成优柔寡断的性格，最后只会两手空空，成不了大事。因为这种习惯能让时机立即从身边跑掉，让别人得到先机。因为犹豫不决，很多人使他们自己美好的想法陷于破灭。

莫待无花空折枝

具有优柔寡断性格的人总是徘徊在取舍之间，无法定夺。这样就会使得本该得到的东西，轻而易举地失去了；本该舍去的东西，却又耗费了自己许多的精力。而时机是不等人的，"流光容易把人抛，红了樱桃，绿了芭蕉。"其实人生很多时候，只有及时抓住机遇，竭尽所能地去努力，才能取得成功。正所谓："花开堪折直须折，莫待无花空折枝。"如若不然，则会失去良机。

印度有一位哲学家，饱读经书，富有才情，很多女人迷恋他。一天，一个女子来敲他的门，说："让我做你的妻子吧！错过我，你将再也找不到比我更爱你的女人了！"哲学家虽然也很喜欢她，却回答说："让我考虑考虑！"

哲学家用一贯研究学问的精神，将结婚和不结婚的好坏所在，分别罗列下来，却发现两种选择好坏均等，真不知该怎么办。于是，他陷入长期的苦恼之中，无论后来又找出了什么新的理由，都只是徒增选择的困难。

最后，他得出一个结论——人若在面临抉择而无法取舍的时候，应该选择自己尚未经历过的那一个。不结婚的处境我是清楚的，但结婚会是个怎样的情况，我还不知道。对！我该答应那个女人的央求。

哲学家来到女人的家中，问女人的父亲："你的女儿呢？请你告诉她，我考虑清楚了，我决定娶她为妻！"女人的父亲冷漠地回答："你来晚了10年，我女儿现在已经是3个孩子的妈了！"

哲学家听了，几乎崩溃。他万万没有想到，自己向来引以为傲的哲学头脑，最后换来的竟然是一场悔恨。此后两年，哲学家抑郁成疾。临终，他将自己所有的著作丢入火堆，只留下一句对人生的批注——如果将人生一分为二，那么我们前半段人生哲学应该是"不犹豫"，而后半段的人生哲学应该是"不后悔"。

有韬略性格的人最善于把握机遇

韬略是计谋、精明的代名词。有韬略性格的人，最突出的特点是善于发现、善于观察、勤于思考，喜欢处理较复杂的问题。他们往往在做一件事情之前，便已想好了做事的办法和步骤，规划性很强。因而，在实际中也更善于把握时机。并且韬略之士往往更清楚地认识机遇的特点和出现的方式，认识到机遇对于事业、人生的重要性。

为什么有些人常常抓不住机遇，在事业上停滞不前以致一事无成呢？原因主要有以下几点：

一是许多人对把握机遇的重要性认识不足，认为成功与否完全在于自己的主观努力，忽视机遇对成功的客观制约因素。

二是不少人缺乏对机遇的敏感，虽然懂得机遇的重要性，却不善于辨别机遇和利用机遇，结果有时机遇来了他也常常会视而不见，失之交臂。

三是有些人由于性格、气质方面的缺陷，对自己缺乏自信，因而有时机遇来了也迟疑不决，犹豫不定，缺乏主动性和积极性。结果往往错失良机，使自己永远与机遇无缘，因而也就失去了成功的机会，等等。

例如，生活中有不少人由于自卑和羞怯等方面的原因，常常在许多可以锻炼或展示自己能力的场合，不敢站出来让自己处于众人的目光之下，不敢大声表达自己的意见，不敢带头做一件事情，这样也就自然失去了脱颖而出的机会。

一个人要抓住机遇，就要积极地追求机遇、争取机遇，决不应在机遇到来时行动迟缓，疏于决断，造成一时甚至一生的遗憾。

抓住机遇，还意味着等待机遇。不懂得等待，也就不能很好地抓住机遇。因为机遇并非同你和情人约会一样，你希望它什么时候来，它就会如期而至的。一个善于抓住机遇的人，总是善于等待，机遇没有来时，他静如处子；一旦机遇来临，他则动若脱兔。

日本第一大企业丰田公司老板丰田英二，就是一位善于等待的经营者。

1950年，丰田公司因破产危机，工业公司和销售公司发生分离。但是，不久爆发的朝鲜战争却给丰田带来了喜讯，美军大量的卡车订单使丰田汽车公司起死回生。对于亲身体验了产销分离痛苦的丰田英二来说,自然希望回到以前产销一体的体制。

但是事情并非那么简单,工业公司和销售公司分离体制已经形成,当时负责技术部门的董事丰田英二,深知即使他提出重新合并的建议,在当时也是行不通的。

具有韬略性格的丰田英二在决定丰田的未来发展方向时,决断方式很慢,这是因为英二在深思熟虑考察各种条件的同时,还要衡量各方面的利益是否均衡。他认为条件不成熟,即便勉强行事也是要失败的,他只有耐心地等待时机的到来。

直到20世纪80年代初,丰田两家公司才终于结束了长达32年的产销分离,诞生了全新的丰田公司,英二的等待终于有了丰硕的成果。

在处理丰田赴美建厂一事上,英二也同样小心谨慎,耐心等待时机的成熟。

丰田进军美国,在日本汽车厂商中,是继本田、日产之后的第三家,为此不少人抱怨为时太晚。会长丰田英二和社长丰田章一郎的回答是:"我们在等待时机,我们的行动并没有落后。"由于采取了谨慎的策略,丰田公司终于顺利地打入了美国汽车市场。

俗话说:"欲速则不达。"等待看起来似乎是消极怠工,其实是一种慎重的行事方式。等待往往是行事的一种韬略。等待并不等于落后,如同长跑,起步早的不一定能最终成为冠军。

有些人走上成功之路,的确归功于偶然的机遇。然而就他们本身来说,他们确实具备了获得成功机遇的才能。

许多人相信掷硬币碰运气,而且认为事业的成功也大都这样。但好运气似乎更偏爱那些努力工作的人。没有充分的准备和付出大量的汗水,一个好的机会就会眼睁睁地看着它从手边溜走。

对于机遇,它意味着需要你忍受无法忍受的艰苦和穷困,以及度过你献身工作的漫漫长夜。

为获得成功，你必须明白只有在你寻找机会时，只有在你为所从事的工作有充分的准备时，机会才会来临。

常常听到有些人抱怨命运女神忽略了他，总以为自己碰不上好机遇，总以为能够利用的机遇太少，因而把工作和生活上的一切不顺心的事，都归结到机遇很少光临自己。

其实，机遇对每一个人都是公平的，不存在厚此薄彼的问题，这就像阳光雨露会播撒到大地上的每一块地方一样，关键是一个人面对机遇究竟能不能真正把握住。

具有审时度势性格的人会选择时机

我们经常听到有人说："机会在每个人的面前都是平等的，就看你能不能把握。"这句话固然不错，但有时候我们常常会因为自身性格的原因而失去身边的机会。

有一句外国谚语说："知道怎样静待时机，是人生成功的最大秘诀。"这就像顺水行船一样，要趁着潮水涨高的一刹那，非但没有阻力，并且能帮助你迅速成功。

有位记者采访一位演员，问了一个很普通的问题："一个人如果想要在生活中获得成功，需要的是什么？——体力？精力？还是智力？"

这位演员摇摇头："这些东西都可以帮助你成功。但是我觉得有一件事甚至更为重要，那就是：审时度势，看准时机。"

"这个时机，"他接着说，"就是行动或者按兵不动，说话或是缄默不语的时机。在舞台上，每个演员都知道，把握时间是最重要的因素。我相信在生活中它也是个关键。如果你掌握了审时度势的艺术，在你的婚姻、工作以及与他人的关系上，不必刻意去追求幸福和成功，它们也会自动找上门来的！"

这位演员所说是正确的。如果你能学会在时机来临时识别它，在时机溜走之前就谋划而行，生活中的许多问题就会变得大大简化了。

具有满腹经营谋略的华人首富李嘉诚便是善于审时度势、把握良机的高手。

早在 20 世纪 50 年代，他经营塑胶花时就充分显露出眼光远大、触觉敏锐、判断力强的英雄本色。

1950 年，李嘉诚开办长江塑胶厂，踏上创业的征途。

在这之前，他做过一家塑胶裤带制造公司的推销员。推销工作令他广泛接触客户，熟识市场趋势，建立了销售渠道，为日后创业打下了基础。

塑胶产品既耐用，又便宜，在第二次世界大战之后，日渐受到消费者的欢迎。

李嘉诚于是选择了生产塑胶产品作为创业的起点。

他在初期生产塑胶玩具和家庭日用品，出口到欧美。但李嘉诚懂得判断良机，集中资金，改而生产塑胶花，获得巨大的成功。

《李嘉诚成功之路》这样描述："他放眼市场的发展趋势，看到战后世界经济迅速恢复，香港贸易鼎盛时期，人民的生活水平不断提高，消费欲望、价值观念也随之而发生变化，从物质消费转向精神享受，要求美化环境，装饰入时，高雅舒适。"

此外，李嘉诚又从市场调查入手，发现美国和加拿大等地的一般住宅都有前后花园，如果种的是真花木，天天要浇水，每周要除草，不厌其烦。

根据种种迹象，李嘉诚判断：美观价廉、经久耐用的塑胶花，必将愈来愈受到人们的喜爱，一个塑胶花的黄金时代就要到来。1957 年，

七、性格好，抉择就有了关键

机会来了。意大利有个厂家生产塑胶花，受到欧美用户的欢迎。李嘉诚马上飞到意大利进行考察，学习制作塑胶花的技术，又带了最畅销的绿球花品种回来进行研究。

不久，他把长江塑胶厂改名为长江工业有限公司，正式投入资金大规模生产塑胶花。

以后几年，李嘉诚凭着信誉昭著、产品价廉物美的优点，深受香港及欧美用户欢迎，订单源源不断从各地涌来。

这时，李嘉诚抓紧机会，扩大生产。

当时，北美有一家大批发商打算派购货部经理来港，参观长江公司的厂房，并商量落单。购货部经理将会在一周后抵港。

这家批发商在美国、加拿大等地广设销售网。如能引起他的青睐，必能大大扩展在美国、加拿大的市场。

于是，李嘉诚毅然决定，在一周内建立新厂。这谈何容易！然而，李嘉诚做到了。

他鼓动起员工的热情和干劲，全厂上下一心，夜以继日工作，终于按计划提前完成筹建新厂任务，并顺利投入生产。

结果，购货部经理一周后来港看过新厂房之后，深受感动，决定定货。

经过一番努力，李嘉诚争取到这家大主雇，得到每年过百万美元的订单。

此后，李嘉诚通过这家公司取得了加拿大银行界的信任，为日后合作奠定了基础，这是借助判断力来扭转人生的一个极好的例证。

善于判断形势，才能识别和把握机会，而观察力和判断力则是分析判断形势的基础。这些都有赖于平时的积累和锻炼。

许多人都以为会看时机是一种天分，就像有的人生来就具有音乐细胞一样，是生来就具备的，但情况并非如此。通过观察那些似乎有幸具备这种天分的人，你会发现这是一种任何人只要留心都能获得的技能。但这种技能的获得，绝对和性格有关。

帷幄运筹，由弱变强

具有韬略型性格的人不仅能言善辩，还深谙大"道"之理。他们遇事有独到的见解，行事也与常人不同。他们变幻莫测，让人捉摸不透，却又能出奇制胜。

张良，字子房，安徽亳州人。他偶得《太公兵法》后，潜心学习，终悟真经。陈胜、吴广农民起义爆发后，他聚众起兵反秦，后依附刘邦，成为刘邦的重要谋士。张良曾为刘邦出了不少好主意，尤以刘邦进军咸阳，攻取峣关一役充分展示了张良运筹帷幄的智谋。

当时，刘邦一面下令做好加紧进攻武关的准备，同时请张良前来密商有关入关的事宜。张良向刘邦提出应先派遣一人，潜入关中，为刘邦入关进行游说，以为内应。张良向刘邦推荐了一位魏国人名叫宁昌，此人胆大机敏、善于应变。刘邦十分赞赏这一举措。

天明，刘邦的大军就向武关进发。这武关在陕西丹凤县东85里，是秦关中的重要门户，也是东西交通的枢纽。但这位武关守将，西望咸阳，赵高专权，滥杀王公大臣；二世昏庸，耽于声色犬马；东望中原，王离败、章邯降，大势已去。眼看刘邦大军骤至，守关的残兵败将根本难以抵御。再加上风闻刘邦一路上仁厚信义，不杀降官，便干脆打开关门迎入了刘邦。

刘邦万万没有想到，一座雄关就这么兵不血刃地取了下来，眼看前面就是峣关，便下令督促大军直逼峣关。

张良忙对刘邦说："沛公切勿急躁，武关虽然得手容易，若不加强防卫，项羽大军随后就到，你能抵挡得住吗？"

刘邦恍然大悟："子房以为应该如何防守？"

张良说："现在就是要关门谢客。立即加固关防，使它固若金汤，并派重兵良将镇守，以拒各路诸侯于关外。这样，沛公便可以领兵从容击杀秦军于关中，直捣咸阳，何愁暴秦不灭？"

于是刘邦依照张良的计谋，令士卒加固武关，并派一员得力的将领守关，才驱兵来到峣关下。

扎营之后，刘邦带着张良等一班谋士，前往观看地形。这峣关在关中蓝田县境内，故又名蓝田关，气势雄伟，地形险要，易守难攻，再加上有重兵把守，看来绝非像武关那么容易攻下了，张良建议还不如干脆退守武关，可以观望东西两面的形势。

然而，刘邦深深明白，滞留武关无疑是坐以待毙。

他请来了张良，决心强攻峣关，不是鱼死，就是网破！

张良告诉他：不可！

他说："《太公兵法》告诉我们，战争当然要靠勇气才能取胜，但也不是单靠勇气就能够取胜的。峣关固若金汤，子婴把他的全部赌注都押在了峣关。峣关一破，他即成为瓮中之鳖，因此他不得不拼着性命死守。更何况秦兵还十分强大，并没有到不堪一击的时候。因此现在先不要忙于进攻，可以派兵在峣关对面的山上，遍插沛公的旗帜以为疑兵，让他们有如临大敌的感觉，先摧垮他们的士气。另外，现今秦将眼见秦大势已去，灭亡在即，早已斗志涣散，各谋前程，可以派郦食其和陆贾等善辩之士，诱之以利，晓之以理，暗中联络，以为内应。这样，何愁峣关不破！"

于是，刘邦派了郦食其和陆贾，带了黄金珍宝，暗中去拜见守关的秦将。这些将领果然早已人心惶惶，都愿与刘邦讲和，这使刘邦去掉了一块心病。他问张良："现在攻打峣关没有问题了吧？"

"我以为条件还没有成熟，"张良答道，"郦食其和陆贾虽然买通了个别将领，但是还应该看到，秦军的士兵大部分都是关中人，他们的父老和妻室儿女都在那里，他们决不会让别人攻进他们的家园、杀戮他们的亲人，因此，他们一定会奋不顾身地抵抗。与其和他们拼杀，还不如等到他们松懈疲惫之时，迂回包抄，前后夹击。"

于是，刘邦主力绕过峣关，悄悄翻越蓝田东南25里的黄山，突然出现在秦军背后，在蓝田的南部大破秦军，并进一步占领蓝田，这样峣关的后路被切断，前后夹击，不攻自破。

至此，关中大门洞开，秦都咸阳已无险可守。刘邦10万大军压境破咸阳如探囊取物。秦始皇万万没有想到，他10年征战统一的国家，又苦心经营了十载的强大帝国，在他死后不到3年，倾覆的时刻就这般迅速地来到了。

两军相逢，智者胜。有韬略性格的人就是能审时度势，运筹帷幄，使自己由弱势变成强势，牢牢掌握主动权，张良看到了这一点，故他用"攻心"之术取得了主动权。

生逢乱世，明辨时局

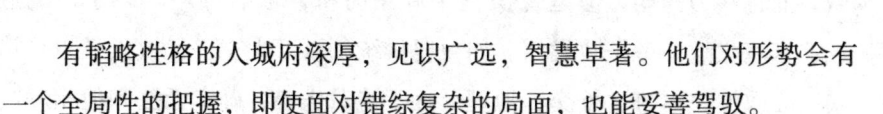

有韬略性格的人城府深厚，见识广远，智慧卓著。他们对形势会有一个全局性的把握，即使面对错综复杂的局面，也能妥善驾驭。

诸葛亮就是生逢乱世的韬略之士，他洞察大势，最终帮助刘备创立基业、三分天下。

汉末天下大乱，群雄割据，世事扰攘，前途难卜。诸葛亮以布衣之身，躬耕南阳，但却怀有远大的抱负和雄心。他自比管仲，以管仲辅佐齐桓公成就霸业自诩；他自比乐毅，以乐毅的军事才能自期。他身在隆

中，胸怀天下，不断研究世势，终于对当时的天下大势有了清楚的认识。

东汉末年，军阀混战。董卓乱后，群雄并起，袁绍、公孙瓒、曹操、袁术逐鹿中原。刘备由于出身贫寒，缺乏根基和势力，与袁绍、曹操、孙策相比，要弱小得多。所以刘备早年的奋斗屡遭挫折，只好四处投靠别人。建安六年（公元201年），曹操打败袁绍后，率军进击刘备，刘备逃到荆州，寄寓在刘表那里。由于前途未卜，左右失据，刘备急需有智之士的指点和帮助。

建安十二年，在"水镜先生"司马徽和谋士徐庶的一致推荐下，刘备三顾茅庐，向诸葛亮请教如何在乱世称雄、崛起一方的计策。诸葛亮有感于刘备的知遇之恩，遂托身于他，竭智效力，将自己平时对天下大势的分析、思考，以及乱世逐鹿中原的谋略展示给刘备，这就是历史上著名的"隆中对策"。

诸葛亮在明辨当时大势的前提下，量身定制，为刘备提出了兼弱攻昧的外交谋略。

诸葛亮仔细地分析了历史的发展走向，认为自从董卓专权乱政以来，各地英雄豪杰纷纷崛起，乘机割据一方，势力跨州连郡的人不可胜数。最大的两个割据集团分别是曹操和袁绍。曹操家世、声望都很低微，而且兵力薄弱，但是曹操善于利用时机，依靠谋略，终于以弱胜强，官渡之战一举击败袁绍。如今曹操统领百万大军，又挟天子以令诸侯，在政治、军事、外交、地理上处于绝对优势，确实无法和他相争。

孙权占据江东，经过父子三代人的经营，又有长江天险屏障，而且百姓归顺，大批贤能之士为他效劳，所以只能和他结盟而不可以打他的主意。荆州北临汉水、沔水，可以便利地直通海上，东边连接东吴，西边可通巴蜀，是兵家必争的战略重地。而刘表却懦弱无谋，不懂军事，虽有地方千里、兵甲十多万，却没有能力守住，这是上天有意提供的，应有攻取的打算。

益州有险关要塞屏护，而且沃野千里，可谓天府之国，汉高祖正是凭借这里的条件成就了帝业。占据这里的益州牧刘璋昏庸无能，提供了争夺的良机。

张鲁占据着北部的汉中地区，虽然人口众多，地方富足，但却不知道珍惜和爱护，所以有才能的人都渴望能有英明的君主来统治。

如果能同时占据荆州和益州，守住险关要塞，西边与各部落结好，南边安抚夷、越民族，对外与孙权结盟，对内精心治理，一旦天下形势发生变化，可派一员得力大将率荆州的军队向南阳、洛阳一带进军；主力人马出兵秦川，在战略上形成东西并举、左右呼应之势，这样，不但霸业可以成就，汉朝也可以复兴了。

根据当时的形势，诸葛亮为刘备量身定制了这条兼弱攻昧的谋略。首先对天下形势进行全面而准确的观察分析，对各种政治势力的现状及其组合分化的趋势做出正确的估计，制定出积极稳妥的战略方针和具体的行动方案，然后根据形势的发展变化与政治上的需要，相机削弱、兼并或攻取弱小的、腐朽没落的势力，从而实现自己的战略目的，变不利为有利，从弱小者变为强大者。

后来三国的历史发展证明，诸葛亮为刘备设计的争夺天下的总策略，即联孙抗曹，夺取荆州、益州作为基地，以等待局势的变化，出兵夺取中原，完全合乎客观形势的演变，非常正确，由于这条战略得以实施，终于使刘备三分天下有其一，形成了三国鼎立的局面。而诸葛亮也因其智慧和韬略成为令人敬仰的传奇式的人物，从而扬名于世，彪炳千古。

机遇不等人

机遇总是稍纵即逝的。犹豫不决，这是成功的一大忌讳。要想做到英明地决策，正确抓住难得的机遇，就需要有一双目光敏锐、看得高、望得远的火眼金睛和胆大心细的果断性格。

1997年，彼得·沃尔特担任英国石油公司的副总裁。某个周末，他正在公司总部的草坪上修剪草坪，公司其他高级领导人都不在总部。这时他接到一位商船主的电话。这位商船主询问英国石油公司是否租用他的商船，如果在一小时之内得到肯定的答复的话，他将出租全部商船。按照惯例，作为公司副总裁的沃尔特无权给对方以明确的答复。因为租与不租对英国石油公司来说都非同儿戏，这既可能是抓住了一个市场机会又可能是背上了一个沉重的包袱。当时埃及和以色列之间爆发了中东战争，战争开始以后，世界上油船的租用价格已经上涨了3倍。在这个时候，以这个价位租用大批商船油舱，如果此后油船的租金继续上涨，那么这时候应该租；如果此后油船租金突然回落，那么这时租了就要亏大本。中东是个产油区，对世界石油市场的影响很大，英国石油公司此时自然也面临着市场机遇和挑战，一招不慎，满盘皆输。

沃尔特知道必须慎重对待这个电话，自己今后也必须对自己此时的回答负责。好个沃尔特，他全面分析了世界政治和经济形势，认定因为这次埃以战争，世界石油市场需求会更旺，石油消费国都会储油备荒，所以油船的租金还会上涨，此时不租，等油船租金继续上涨以后再租吗？或者今后眼睁睁地看着石油价格上涨，自己却无船运油去赚大钱吗？"生意眼"帮沃尔特看清此后世界石油市场和航运市场的变化趋势，给了他"当机立断"的信心和胆量。沃尔特特殊情况特殊处理，

"越权"给了对方一个明确的答复："英国石油公司决定租用这批商船。"两天后，正像沃尔特所预料的那样，油船的租金又上涨了一倍，沃尔特的"当机立断"获得了成功。后来沃尔特以自己的实绩升为英国石油公司董事长。他对自己当年的决策是颇为欣赏的："电话打来时是周末，当时我正在割草，找不到更高一级的决策人，所以我就决定了租用他的商船。我想，如果当时采用其他办法处理那个电话，今天我就不会是董事长了。"

1959年，时任美国副总统的尼克松应邀访问前苏联，这在世界上引起不小的反响。恰好，美国商品博览会也将于同期在莫斯科举行。人称美国"挑战之神"的斯梯尔，刚刚走马上任百事可乐公司国际部经理。他知道这将是一个推销、宣传百事可乐的好机会，而且这个机会的存在是非常短暂的，它将随着尼克松的访问结束和博览会的完毕而消失。于是，他马上采取行动，千方百计地将百事可乐打进了即将在莫斯科举行的美国商品博览会。

尼克松访问前苏联，受到前苏共总书记赫鲁晓夫的接待。当尼克松引导赫鲁晓夫来到美国商品博览会展厅时，他们的身前身后簇拥着一大群来自世界各地的记者。斯梯尔抓住机会，拿出两瓶百事可乐饮料，一瓶是在纽约生产的美国货，另一瓶是用莫斯科的水调配而成的，请赫鲁晓夫品尝鉴定哪一瓶更可口。赫鲁晓夫乐于从命，当场品尝后说后者更可口，而且又连饮好几杯。这个品尝百事可乐的场景通过记者的摄像机、照相机迅速传往世界各地，传遍前苏联各地。紧接着，前苏联就兴起了一场民众品尝百事可乐的热潮。博览会刚刚结束，百事可乐公司就成为第一家获准在前苏联销售产品的西方消费品公司。百事可乐公司又抓住机遇，投资在前苏联办饮料厂，百事可乐就这样顺利地进入了前苏联市场。

"机不可失，时不再来"，短期形成的机会，最能反映这一道理。

七、性格好，抉择就有了关键

试想，如果赫鲁晓夫匆匆走过百事可乐展台，斯梯尔不能迅速拿出两瓶百事可乐来，那么，宝贵的机会岂不要白白错过？要想把握短期形成的机会就得有闪电似的思维、疾风般的手法，也就是果断性格决策的能力。

关键时刻要敢于拍板

凡是成大事者，都会碰到千钧一发的关键时刻，在这个时候，不能退缩，不能无主见，而是要有果断的决策性格。

客观情况往往是纷繁复杂的，有一些情况是不可能让人事先做出100%正确判断的。现实生活中，一个人常常遇到的是一些不确定型、风险型的事情，这就要求你有敢想敢干、敢冒风险的性格，不能追求四平八稳，因循守旧。

"当断不断，反受其乱"。敢于拍板就是要求果断行事，就是要求在有效的时间地点内完成。否则，正确的决策一旦错过时机就会成为错误的方案。

美国第三十四任总统、世界反法西斯战争的杰出统帅、五星上将艾森豪威尔在1944年6月6日诺曼底登陆战前夜，表现出了非凡的当机立断的决策魄力，使诺曼底登陆战役取得辉煌胜利，从而扭转了整个战局，沉重地打击了法西斯势力。登陆前夕，天气情况恶劣，一直下着大雨，气象学家也不能完全有把握说6月6日就能转晴。如果天气不转晴，那么空降兵将无法着陆，将会使整个登陆计划失败，使50多万名士兵面临牺牲的危险，在众多的将军都表现出迟疑不决的时候，艾森豪威尔当机立断，决定6月6日实行登陆，最终赢得了胜利。

当机立断的性格是领导者必备的能力。一个人具有敏捷的性格，并善于当机立断，才能在复杂多变的情况下应付自如。艾森豪威尔就是在紧急关头善于当机立断，取得成功的典范。现代社会是信息社会，信息瞬息万变，机会稍纵即逝，尤其是在实行市场经济的今天，市场形势变化多端，就更需要现代领导者善于抓住机遇，当机立断，取得成功。但是当机立断不等于盲目冲动地喊打喊杀。正确的分析、判断才是当机"拍板"的首要条件。

一支英国登山队和一支日本登山队同时攀登喜玛拉雅山。在6800米高度时，他们突然遭遇强风暴。两个登山队的14名队员只好临时安营扎寨在高寒缺氧的雪山上，搭起驻宿帐篷，以等待风暴过后再行攀登。可是，3天过去了，风暴依然没有停止，而且越往高处风暴越强。

此时，两个登山队都面临着严峻的考验，如何抉择，将决定每一个人的生命走向。最后，日本登山队决定继续攀登，决不后退；而英国登山队的扎吉尔队长，却不怕承担懦弱的恶名，经过一番对体能及气象征候的分析，果断决定立即撤退。他认为，与生命的尊严相比，任何追求都是可以放弃的。

几天以后，在扎吉尔队长的带领下，英国登山队的全体队员安全撤退到5400米处的大本营，而7名日本登山队员却全部罹难于雪山之上。

扎吉尔队长凭借自己果断的性格，在生与死的关键抉择中，使队友们远离了死亡的吞噬，将生存的希望牢牢地抓在手中。可见，果断的性格能够让一个人在关键时刻做出重要抉择。使希望更加明朗，让人钦佩、羡慕、信赖并从中获得安全感。

不要拖泥带水

一生之中，每个人都有种种的憧憬、各样的理想和计划，假使我们能够将一切计划都付诸执行，那我们的人生将变得意义非凡，并时刻与成功同行。而我们之所以往往并不成功，甚至有一些不如己意，就因为我们对于心中的憧憬、理想和计划不能立即将其执行，最终坐视它们逐渐地幻灭和消逝，留给自己无限的唏嘘和遗憾，甚至会酿成悲惨的结局。

驻扎在特伦顿的雇佣军总指挥拉尔总督正在玩纸牌，忽然有人送来一个报告，内容是说华盛顿的军队正在穿越德勒华，要向他所在的驻地发动进攻。拉尔总督看都没看便将报告塞入袋中，直到牌局完毕，他才展开阅读。虽然他立刻调集部下，出发应战，但时间已经太迟了，结果是全军被俘，自己也因此战死。仅仅是几分钟的延迟，便使他丧失了尊荣、自由与生命。

可见，拖泥带水、缺乏果断的性格不仅难以成事，甚至会造成恶果。"明日复明日，明日何其多！我生待明日，万事成蹉跎。世人若被明日累，春去秋来老将至。朝看水东流，暮看日西坠，百年明日有几时？请君听我《明日歌》。"这是清代诗人钱鹤滩对拖延时间的人的忠告。"命运无常，良缘难再"、"有花堪折直须折，莫等无花空折枝"等诗句，无不是在鼓励人们果断行事，迅速行动，不拖延，不犹豫。

美国著名成功学家卡耐基认为，一个成功者要有果敢行事的性格，必须善于抓住机会、利用机会。

华人首富李嘉诚也曾说："机会不会坐着等你，若奢望机会可轻易到手的话，是绝不可能发生的事情。"

因此，对命运赋予的良机，只有那些具有果敢行事、不拖泥带水的性格的人才会取得成功，才可能把机会所蕴含的价值发挥到最大限度。

苏珊·海沃德长得漂亮、苗条、性感，她的青年时代，正是好莱坞的主要制片公司发展的全盛时期。她像其他闪亮的童星一样，怀着成为好莱坞电影明星的梦想，当上了合同演员。然而，她进入好莱坞的最初几个月中,面对的不是摄像机而是照相机,成为演员还需要等待时机。

有一次,机会突然来了。1938年,派拉蒙公司在洛杉矶举行全国性的影片销售会,影星们一个接一个与观众见面。苏珊出场时,会场上发出了一片欢呼。她此前还没意识到这是一次机会。她面对观众,像对老朋友们一样微笑着说:"我知道你们都认识我,你们当中有谁见过我的照片?"

台下的人几乎全部举起了手。

"有人看过我在电影里的形象吗?"没有人举手,只有笑声。

苏珊趁热打铁,发问道:"你们愿意看我在电影中的形象吗?"

会场上响起了雷鸣般的掌声,代替了回答。

苏珊这一计即兴拈来,大获全胜,于是她说:"那么,诸位愿意捎个话给制片公司吗?"

这是一次民意测验,那么多观众的掌声代表着想看苏珊在电影中的形象,制片公司的老板得到这一民意测验的结果,完全可以判断,如果请苏珊出演影片,此片一定能成为票房冠军。于是苏珊不久之后便受聘出演,上了银幕,并且成了大明星。她在《我想生存》一片中扮演的角色使她荣获了奥斯卡金奖。

果断的性格是一切成就大业者必须具备的基础性格。一个人具有了果决的性格,就会敢于承担责任,遇事能够果断做出决定,并行动迅速。这样无论遇到什么事情,都能将它们在第一时间处理好。

成功的企业家都是异常果断的人,服装设计师皮尔·卡丹认为自己个性中的"当机立断,迅速决定"是他之所以能取得成功的重要因素。他说:"我从不喜欢浪费时间。"的确,每一个接触过皮尔·卡丹的人都不难发现,他做事总是雷厉风行,快节奏、快速度,从不吞吞吐吐、优柔寡断,但又绝非草率行事。谋而后断、迅速行动的果决性格特质在他身上体现得是那样的协调与完美。

1950年，28岁的皮尔·卡丹还只不过是法国巴黎一家简陋裁缝铺的裁缝。一天，他从巴黎大学门前路过，一位从校门走出来的窈窕美女引起了他的注意：这位姑娘面容俏丽，胸部、臀部的线条恰到好处，虽然只穿着一身平常的连衣裙，但掩饰不住她那绰约的风姿。皮尔·卡丹眼前一亮，心想：这姑娘如果穿上自己设计的服装，一定令人耳目一新，为他带来可观的效益。于是这位姑娘在前面走，皮尔·卡丹在后面追，险些被认为是有不良居心的人。几经周折终于消除了误会，姑娘答应与他合作。不久这位姑娘又为皮尔·卡丹推荐了20多位漂亮的同学给他做时装模特。此后，皮尔·卡丹设计的服装名震巴黎。

皮尔·卡丹就是这样，敢想敢做，他不会犹犹豫豫，把想法停留在脑子里，他一旦产生灵感，就马上做出决定。

不久，他设计的系列男装也问世了。他毅然将自己设计的款式大批量地生产，然后分送到各大百货商店以及自己的销售网点去出售。这种新颖便宜的时装深受广大消费者青睐，产品上市没几天就销售一空，他的系列男装深受人们喜爱。于是，各大百货商场纷纷与皮尔·卡丹签订订货合同。他像一阵阵旋风一样席卷全球……

梦想是成功者的起跑线，决心便是起跑时的枪声，行动犹如起跑者全力的冲刺。行动很重要，一个性格果决、敢想敢做、行动迅速的人，方可成就大事。

遇事当机立断，是一个人果断性格的直接反映，是每一个追求成功的人所必备的性格特征。这是因为，一个人只有具有敏锐的眼光，能够及时做出决断，才能在复杂多变的社会中应付自如，从而取得人生的成功。

八

性格好，工作就有了主导

职业心理学研究表明，性格影响着一个人对职业的适应性。不同的性格适合从事不同的职业，同时，不同职业对人的性格也有着不同的要求。因此，我们在考虑或选择职业时，不仅要考虑自己的职业兴趣和职业能力，还要考虑自己的职业性格特点，考虑职业对人的性格要求，考虑性格对职业的影响，从而根据自己的性格特点选择自己最宜从事的职业。

性格决定职业成败

在当今的职场中，很多企业招聘新人时，都把性格测试列为一个重要的项目。因为性格在某种程度上比能力更重要，如果一个人能力不足，可通过培训提高；但如果一个人的性格与职业不匹配，那就很难做好本职工作。

性格并无好坏之分，但性格类型与职业类型的匹配度，却决定了事业的成功与否。因"性格与职业"的选择发生错位而导致职业的失败，已逐渐成为职场人士所面临的越来越严峻的问题，所以在进入职场之前首先要认清你自己的性格，根据你的性格选择职业。

在为自己的职业发展做规划时，首先要正确测定自己的个性。职业发展规划与职业气质、能力、兴趣、潜力、价值观、理念等因素相关联。性格若能与工作相匹配，工作中便能得心应手、轻松愉快，并富有成就感。反之则不能适应工作中的各种情境，困难重重，给个人和组织的发展造成不利影响。

千差万别的性格决定了每个人从事的工作也有所不同，但性格并不是孤立存在的，它们之间存在一定的共性。如果按照这种共性分类进行分析的话，就能找到最适合我们的工作。有的人适合与物打交道，有的人则擅长与人打交道。例如：性格活泼的人，适合有挑战性的工作；性格内向的人，适合稳定的工作。

职业生涯的第一步同时也是最关键的一步，就是要准确判断自己的职业性格，正确选择职业生涯的方向。如果不清楚自己的职业性格，找到一份自己不喜欢又不适合的工作，那会影响一生的职业道路；而如果等到发现目前的工作不适合、不喜欢再跳槽的话，就会走一大段弯路。

所以，如果我们不以自己的职业性格作为选择职业的准绳，势必将永远生活在跳槽再跳槽的恶性循环中，而且这些都将对我们职业生涯的发展产生负面的影响。

要想做好工作，不仅需要专业知识和良好的技能，更要和自己的性格相匹配。借助科学手段了解自己的性格类型，有利于进行准确的职业定位，更有利于职业的发展。当从事的职业与个性相吻合时，就可能发挥出潜力，容易做出成就；反之可能导致才能的浪费，或者必须付出更大的努力才能成功。

许多工作对性格品质有着特定的要求，要选择某一职业就必须具备这一职业所要求的性格特征。性格在很大程度上来源于后天的培养，并不是无法改变的，每个人在社会中都会因为种种外界原因而改变原来的性格，也许这种改变会让你意外地发现自己的潜力。另外，人的个性并不能决定他的社会价值与成就水平。当你发现你的个性与职业匹配度不高时，可以通过个人的努力来弥补自身的不足。同样，一个人在自己适宜的职业中不努力也不会成功。

总之，性格与职业成败有着密切的关系。理解、认清自己的性格偏好，找出自身的优点、缺点，并且学会在工作中扬长避短，才能使自己在职业竞争中表现卓越。

做自己的经纪人

缓慢氧化和燃烧都属于氧化反应，燃烧是将自己的热情一下全释放出来，表现自己的亮度。如果不能一下子点燃，那就会像缓慢氧化一样，慢慢地消失殆尽，而且是悄无声息的。生命亦如是，如果你想让人看见自己的亮度，那么就燃烧自己吧，不然只会默默无闻地过一生。

"表现自己"的人历来招至人们的反感，往往名声不佳，在人们心目当中，它与"名利思想"、"出风头"、"往上爬"等东西是紧密联系的，因而使得一些人不敢表现自己，一谈到表现自己就余悸在心，生怕受到什么不好的评价。为什么人们会这样害怕表现自己呢？这是有着深刻的历史原因的。在传统文化里，人们受到的教育就是要中庸，因而自古便有"行高于众，人心非之"的说法。一个工作平庸、碌碌无为的人，日子可以过得很安逸，因为人缘好，说不定还会有人出来为之评功摆好。而一个勇于开拓、有所作为的人，却往往遭人嫉妒，受到闲言碎语的攻击。

然而事实上，在生活中每个人都在通过言论、行动表现自己，绝对不表现自己的人是没有的，只不过是程度的差异而已。只有通过表现自己，才能显示一个人的才能和价值。人的聪明才智，也只有在表现自己的过程中才能得到实现，否则只能是怀才不遇，终老一生。试想千里马遇到伯乐，若不以洪亮的声音长鸣两声，也许就不会引起伯乐的注意；毛遂若不自荐，不在实践中用自己的唇枪舌剑来展示自己的才华，又怎能建立功勋、青史留名，受到后人的敬仰？人们常说技术是促进社会发展的动力，但如果科学技术工作者都不敢表现自己的才华，有了发明创造也不公之于世，那我们至今恐怕还停留在茹毛饮血、刀耕火种的时代……

"世有伯乐，然后有千里马"，一匹千里马如果能遇到伯乐是十分幸运的。但是生活中，"千里马常有，而伯乐不常有"，这就要求我们应该善于表现自己，勇于表现自己。走进历史的长廊，我们可以看到战国时期的毛遂、三国时的黄忠，还有许许多多的人，这些人无不怀有远大抱负，但更让我们佩服的是他们勇于自荐，他们充分相信自己的能力。由于自荐，他们才没有被埋没。

当今社会，敢于表现、善于表现是自身发展的必备性格，现在有些人不理解那些勇于自荐、善于表现的人，说那是"出风头"和"目中无人"的表现。其实这是一种错误的想法，"表现自己"，实际上就是将自己的优点和长处充分展示出来，以便得到大家的认可，同时也在展示的过程中，听取大家的客观评价，进一步扬长补短，不断地完善自己的性格。可见，这是一种积极上进的性格表现。高考中的"状元"、辩论场上的高手、文体比赛中的冠军，之所以能从芸芸众生中脱颖而出，能正确地表现自己是他们共同的基本素质。

囿于我们的老祖宗一向崇尚"敏于行而讷于言"，崇尚谦虚内敛的处世方式，"酒香不怕巷子深"便也常为人所津津乐道。然而时代不同了，当今的社会已经发生了翻天覆地的变化，以前的那种处世方式在这个时代已经行不通了。优秀的人才比比皆是，一个人要想在众多人才中脱颖而出，必须有自己性格的特点，必须善于挖掘自己的优势，并将之宣传出去，让每个人（包括你的领导）都知道。

表现自己有很多种方法，但不管你是按部就班地"炒"，还是别出心裁地"炒"，目的都只有一个——让自己受到关注。所以，每个人都要善于发现并利用自身性格的优势和特点，选择适当的时机将自己推销出去。而且，职场中可没有经纪人，那就自己当自己的经纪人吧。

不同性格的职业定位

性格与职业成败有着密切的关系。在现今的职场中，很多企业在招聘新人时，都把性格测试放在首位，因为性格在某种程度上比能力更重要。由于性格与职业的选择发生错位而导致职业的失败，已渐渐成为职场人士所面临的愈来愈严峻的问题。因此，在进职场前，首先要认清你自己的性格，根据你自身的性格选择适于自己的职业。

美国麻省理工学院人才教授认为，根据职业定位，人可以分为以下五种职业性格类型：

1. 创造型

这类人有强烈的欲望创造完全属于自己的东西，包括以自己名字命名的产品、工艺，或是自己的公司，或是能反映个人成就的私人财产。他们认为，只有这些实实在在的物质才能体现自己的才干。

2. 管理型

此类人有强烈的管理愿望，假若经验也告诉他们自己有管理和领导能力，那么他们往往将职业目标定为有相当大职责的管理岗位。此类人一般具有三方面的能力：一是沟通能力，影响、监督、领导、应对与控制各级人员的能力；二是判断能力，在信息不充分或情况不确定时，判断、分析、解决问题的能力；三是自控能力，在面对危急情况时，不慌张、不沮丧、不气馁，能够很好地控制自己的情绪，有承担重大责任的能力。

3. 技术型

以此为职业定位的人，由于自身性格决定或出于爱好考虑，往往并不喜欢从事管理工作，而是愿意在自己所处的专业技术领域发展。我国过去并不培养专业经理人，而是经常将技术出众的科技人才提拔到领导岗位，但是，他们本人往往并不喜欢做领导，而更希望能继续从事他们的技术工作。

4. 自由独立型

有些人喜欢独立做事，不喜欢在大公司里受束缚，许多有相当高的技术型职业定位的人也属于此种类型，但是他们又不像那些简单技术型定位的人一样，因为他们往往并不愿意在组织中发展，而是喜欢独立从业，或是与他人合伙创业，或是做一名咨询人员。很多自由独立型的人会成为自由职业人或是开一家小的零售店。

5. 安全型

有些人最关心的是职业的长期稳定性与安全性，他们为了安定的工作、可观的收入、优越的福利与养老金等付出努力。目前我国绝大多数的人都选择这种职业定位，很多情况下，这是由于社会发展水平决定的，而并不完全是本人的意愿。相信随着社会的进步，人们将不再被迫选择这种类型。

为了更好地确定自己的职业定位，我们可以尝试以下方法：拿出一张纸，将自己的回答要点记录在纸上，根据上述职业定位的解释，确定你的主导职业定位。

你在中学、大学时投入最多精力的分别在哪些方面？

你毕业后的第一份工作是什么，你希望从中获得什么？

你开始工作时的长期目标是什么，有无改变，为什么？

你后来换过工作没有，为什么？

工作中哪些情况你最喜欢，哪些情况你最不喜欢？

你是否回绝过调动或提升，为什么？

以上的五种职业定位分类可以帮助大家更好地认识自己，让大家重新思考自己的职业生涯，设定切实可行的目标。

让"个性"成为职业发展的最佳导航仪

性格并没有好坏之分，但性格类型与职业类型的匹配度，却决定了事业的成功与否。究竟怎样才能让自己的个性成为职业发展的最佳导航仪呢？

需要正确测定自己的个性，了解性格与职业定位之间到底有怎样的关联。并且，要想胜任工作，还需要有专业的知识、技能、兴趣、价值

观,以及理念等因素加以支撑。由此,先借助科学手段了解自己的性格类型,有利于自己进行准确的职业定位。

要了解自己的性格,根据自己的性格做出正确的职业规划,应进行自我审视评估和性格测评,了解自己的职业气质、能力,分析自己的优势和劣势,结合自己的教育背景、工作经验,在职业咨询师的指导下制定职业生涯的发展规划。我们应知道"自己要做什么,自己能做什么",并结合自己的价值观和理念,进行一个职业目标的设定及策划,然后进行反馈评估,不断调整自己,完善自己的职业生涯规划。

人是在学习和工作中不断成熟的,人在适应社会的过程中遇到这样或那样的问题,是非常普遍和正常的。关键是看准自己的方向,马上修正自己的错误选择,并向正确的方向迎头赶上。

根据性格选择适合自己的职业

选择适合自己的事去做可以说是人生的一个重要转折点,是人们走向成功的通用定律,这对我们每个人来说都是非常重要的。

世界上的职业有许多种,过去有360行之说,现在又有新的360行。据不完全统计,在当今社会里,有数千种职业之多。在这众多的职业中我们如何选对适合自己的职业呢?当我们一旦选择了某个职业,就要在这个职业岗位专心致志、全心全力地做好本职工作,这样才能演绎好我们个人满足、单位满意、社会承认的职业人生。比如,过去的军人标兵雷锋、清洁工人时传祥等等,当今的运动健将邓亚萍、姚明等人,无一不是在自己的职业生涯中做出了超人成绩的人,因而受到人们的喜欢与爱戴。职业选择标准仅有一条,那就是特别适合你,你也热爱这一职业。

因此，选择之前，要考虑的问题很多，比如所选职业是否符合自己的志趣爱好、其社会意义和发展前景怎样等等。最重要的一个方面，就是必须考虑它是否适合你的性格特点，要根据自己的性格选择适合自己的职业。

性格特征与择业

心理学家认为，人们与职业相关的性格有六种，即现实型、探索型、艺术型、社会型、事业型和传统型，这六种类型的人具有以下典型的特征：

1. 现实型

此类人表达能力不强，不善于与人交往，思想比较保守，对先进的东西不感兴趣。但他们身体强健，动作灵活敏捷，喜欢户外活动，喜欢使用和操作大型机械。

安分随流、直率坦诚、实事求是、循规蹈矩、坚忍不拔、埋头苦干、情绪稳定、勤劳节俭、注重小利、胆小怕事、不善算计是对他们很好的描述。此类人适合从事机械制造、建筑、渔业、实验工作、野外工作、工程安装，以及某些军事职业等。

2. 探索型

此类人沉溺于研究问题当中，并表现出对工作有极大的热情，对周围的人不感兴趣，善于通过思考解决面临的难题，但并不一定实施具体的操作。他们喜欢面对疑问和不懈的挑战，不愿循规蹈矩，总是渴望创新。此类人可以描绘成分析的、好奇的、独立的或含蓄的。这类人适合从事生物学、社会科学、工程设计、实验研究、物理学、气象学等专业。

3. 艺术型

此类人在有自我表现机会的艺术环境中如鱼得水。因他们更愿单独行动，这一点和探索型人相似。但他们比探索型人有更强的自我表现欲，对自己过于自信、敏感、情绪化，与众不同，个性鲜明，乐于创造，为追求心中的理想可抛弃一切。

艺术型的人可描述为创新求异、独立不羁、不同凡响、热衷表现与激情洋溢。他们一般容易成为艺术家、戏剧导演、画家、歌唱家、诗人、演员、音乐演奏家等。

4. 社会型

此类人责任感、正义感、公正感都很强，具有较强的人道主义倾向，社会适应能力强。他们喜欢有组织地工作，善于与人交往，乐于讨论理想、人生态度等问题，愿意帮助他人。开朗、善于交际、希望成为领导者是对他们较好的描述。适合于他们的工作有：学校校长、临床心理医生、大学教师、就业指导顾问等。

5. 事业型

此类人喜欢竞争，好支配别人，善于辞令，总试图让别人接受自己的观点，不愿从事精细工作，不喜欢长期复杂的工作。一般他们把自己看做敢作敢为、信心百倍、开朗豁达、善于交际的人。这类人适合做经理、政治家、推销员、电视节目主持人、社会活动家、房地产经纪人等职业。

6. 传统型

此类人喜欢有秩序地生活，做事有计划、有条理，乐于执行上级派下来的任务，讲求精确，不愿冒险。可以这样描述他们：循规蹈矩、踏实稳当、温顺听话和忠实可靠。他们与其他类型人的区别在于，他们对耗费大体力或脑力的活动不感兴趣。适合于他们的职业有：银行审计员、银行出纳员、计算机操作员、图书管理员、会计、话务员、统计员、交通管理员等。

让每一个人都看见自己的工作

把自己的工作做好固然很重要，但同样重要的还包括如何在同事或领导面前去展示你的工作成果。这就要求我们必须有敢于表现自己的性格。现代职场都讲究团队合作，在我们的工作中，领导和同事都是我们工作团队中的一员，要给自己一些机会，主动和团队成员交流，让别人知道你在做什么，让别人了解你的工作进展，主动把你的工作成果呈献给大家。

在自己的职业发展过程中，通过和同事之间进行有效的交流沟通，可以更好地把握自己在工作中的表现，也有助于你更好地去了解同事的真实想法，听到他们最真实的声音。在公司召开的会议上积极发言，能提出自己独特、鲜明的观点；踏踏实实地做好工作，把工作做漂亮，然后让大家分享你做好工作的快乐，让领导知道你能把工作做得很好。如果自己只是默默无闻地工作，虽然你做得很好，但也很可能不被领导发现，不被同事认可。

不要害怕同事批评自己喜欢表功，不要怕因此招来非议，表现自我绝对称不上是什么错。这世上如果没有了"表现"，恐怕也就没有天才和蠢才的区分了。

不声不响、一声不吭地埋头苦干，数年甚至数十年如一日，不计付出，这是老实人的特征。在老实人的想法里，只要我努力了，我付出了，一定能够得到应有的奖赏。老实人以为，每一位员工的工作都在老板的视野里，老板对员工的表现是一目了然，自有明见的。但不幸的是，这种想法太一相情愿了，根本没有考虑到实际情况。事实上，老板是最容易患"近视症"的。严格说来，这不完全是老板的错。通常，

八、性格好，工作就有了主导

做老板的往往会把注意力放在比较麻烦的人和事上面，规规矩矩、脚踏实地做事的人反而容易被忽视。

在工作当中，对大多数年轻人而言，老板或者领导处于金字塔的顶端，属于远高于自己的"阶层"，高高在上、遥不可及，公司越大越是如此。很多人由于对老板的生疏和恐惧感，潜意识里怕见老板，老板的一举一动都使他们感到不自在。即便是必要的工作汇报，也多愿意用书面形式报告，避免被老板当面责问的难堪。时间久了，员工和老板之间的陌生感或者隔膜肯定会越来越深。其实，老板也是人，人与人之间的了解、理解乃至好感是要通过实际接触和语言沟通才能建立起来的。

对一个员工来说，只有主动和老板多做面对面的沟通，把自己性格的特点尤其是优点真实地展现在老板面前，才能使老板直接认识到你的为人和才能，才会铺垫好被赏识和发掘的可能性。如果老板对你一无所知，好运气是不会降临到你头上的。主动与老板沟通是每个人职场生涯中尤为重要的事情。如果你没有告诉你的老板你做了什么工作，你的老板就会认为你什么工作也没有做，你在你老板心目中就会处于很不利的位置。

勇敢地担负起责任

你可能是一名普通的员工，你做的工作可能是生产一个齿轮，你的责任就是把它做得更好更完美，因为只有你做得好，才会生产出更好的机器。你可能就是一个商场的服务员，你的责任就是用你最好的服务让顾客满意，因为只有你做得好，顾客才会愿意来，你的公司才会不断地发展。

有人说过："如果你能真正地钉好一枚纽扣，这应该比你缝制出一件粗劣的衣服更有价值。"因此，我们一定要发挥自己性格的优势，清醒地意识到自己的责任。

有一个替人割草打工的男孩儿打电话给格林太太说："您需不需要割草工？"格林太太回答说："不需要了，我已有了割草工。"男孩儿又说："我会帮您拔掉草丛中的杂草。"格林太太回答："我的割草工已做了。"男孩儿又说："我会帮您把草与走道的四周割齐。"格林太太说："我请的那人也已做了，谢谢你，我不需要新的割草工人。"男孩儿便挂了电话。此时男孩儿的同伴对他说："你不是就在格林太太那儿割草打工吗？为什么还要打这个电话？"男孩儿说："我只是想知道我究竟做得好不好！"

经常问问自己"我做得怎么样"，这就是责任。每个人都肩负着责任，对工作、对家庭、对亲人、对朋友，我们都有一定的责任，正因为存在这样或那样的责任，才能对自己的行为有所约束。而有些人却寻找借口将自己应该担当的责任转嫁给他人。而一旦养成了寻找借口的习惯，人们就会忘却自己的责任。

切记，千万不要利用自己的功绩或手中的权力来掩饰错误，从而忘却自己应承担的责任。企业是由每一个人组成的，大家有共同的目标和共同的利益，因此，企业里的每一个人都负载着企业生死存亡、兴衰成败的责任，这种责任是不可推卸的，无论你的职位高低。

一个性格中有责任感的员工，不仅要完成他自己分内的工作，而且他会时时刻刻为企业着想。海尔的一名员工这样说过："我会随时把我听到的、看到的关于海尔的意见记下来，无论我是在朋友的聚会中，还是走在街上听陌生人说的话。因为作为一名员工，我们有责任让我们的产品更好，我们有责任让我们的企业更成熟更完善。"

一个没有责任感的人，不但不会忧企业之忧，想企业之想，而且会让企业的利益受到损害。他们就是企业的潜在危机，随时都可能给企业带来损失。

一位经理在视察自己属下的一家超市时,发现一名店员对前来购物的顾客态度极为冷淡,而且脾气还很大,令顾客极为不满,而这位店员自己却不以为然。这位经理问清缘由之后,对这位店员说:"你的责任就是为顾客服务,让顾客满意,并让顾客下次还到我们这里来,但是你的所作所为是在赶走我们的顾客。你这样做,不仅没有担当起自己的责任,而且使企业的利益受到损害。你懈怠了自己的责任就失去了企业对你的信任,一个不把企业当成是自己企业的人,就不能让企业把他当成自己人,你可以走了。"

这位经理让人佩服的一点就在于他没有把这个问题简单地看成是服务态度的问题,而是看到了服务态度背后更深一层的问题。

缺乏责任感的员工,不会视企业的利益为自己的利益,也就不会因为自己的所作所为影响到企业的利益而感到不安,更不会处处为企业着想,为企业留住忠诚的顾客,让企业有稳定的顾客群。解雇这样的员工,对员工来讲是一次教训,至少让他明白:在任何一个企业,责任感是他们生存的根基。

企业的命运与员工的表现息息相关,若能把日常工作中发现的问题,积极地反馈到公司负责人耳朵里,企业或许就会因为一个意想不到的原因而节约大量的资源,或者更直接地说是创造更大的利润。

在这个商业化的社会里,人们越来越欣赏那些敢于承担责任的人。大家认为,只有这样的人才能给人一种信赖感,值得去交往。也只有这样的人,才具备开拓精神,为公司带来效益。所以,在做事的过程中,我们应该要求自己具备一种勇于负责的精神,这样才会获得别人的敬重,而为自己赢得尊严。

责任是一种与生俱来的性格,它伴随着一个人的一生。从出生到离开这个世界,我们每时每刻都要履行自己的责任:对家庭的责任、对工作的责任、对社会的责任。一个缺乏责任感的人，或者一个不负责任的人，首先失去的是社会对自己的基本认可，其次失去了别人对自己的信任与尊重，甚至也失去了自身的立命之本——信誉和尊严。如果说智慧和能力像金子一样珍贵，那么，勇于负责的性格则更为可贵。一个民族缺少勇于负责的性格，这个民族就没有希望；一个组织缺少勇于负责的性格，这个组织就难以让人信任；一个人缺少勇于负责的性格，这个人就会被人轻视。

天道酬勤

　　一个人最终能否成功，不在于所处的环境是什么样子、从事什么样的工作，关键是看他如何对待环境、如何对待工作。你的性格直接决定着你的命运。天道酬勤，命运掌握在勤恳工作的人手上。

　　成功学中有许多关于成功的定律和名言警句：

　　如："成功的人之所以成功就是因为他们比别人更加勤奋、更加努力"；

　　"天下没有白吃的午餐，唯有比别人多一分努力，才能立足于社会，超凡脱俗"；

　　"一个很重要的定律就是，努力不一定成功，不努力肯定不能成功。"

　　同时还有许多人总结出了许多不同的成功公式，有的是勤奋＋天赋＝成功，有的是勤奋＋天分＋机遇＝成功等等，分析这些成功公式，我们可以发现，在这些公式当中有一个共同的不可或缺的因素就是勤奋。勤奋的性格在事业成功中的重要性可见一斑。

　　天道酬勤，命运总是掌握在那些勤勤恳恳地工作的人手中，正如优秀的航海员总能驾驭大风大浪一样。人类发展的历史表明，那些伟大的成就通常是由一些平凡的人经过自己的努力取得的。对于具有勤奋性格的人，生活总能给他提供足够的机会和不断进步的空间。

成功来自积极的努力，它不会自动降临。

牛顿无疑是世界一流的科学家，当有人问他到底是通过什么途径得到那些伟大的发现时，他诚恳地回答道："我总是思考着它们。"还有一次，牛顿这样阐述他的研究方法："我总是把研究的课题放在心里，反复思考，慢慢地，起初的点点星光终于一点一点地变成了阳光一片。"正如其他有成就的人一样，牛顿也是靠勤奋、专心致志和持之以恒才取得巨大成就的，他的盛名也是这样换来的。放下手头的这一课题而从事另一课题的研究，这就是他的娱乐和休息。就连牛顿自己也曾经说过："如果说我对公众有什么贡献的话，这要归功于勤奋和善于思考。"

英国物理学家及化学家道尔顿不承认自己是什么天才，他认为自己所取得的一切成就都是靠勤奋。

只要翻一翻一些大人物的传记，我们就知道大多杰出的发明家、艺术家、思想家和各种著名的工匠，他们的成功在很大程度上都归功于非同一般的勤奋和持之以恒的性格。

前英国首相丘吉尔在第二次世界大战期间一天工作16个小时；周总理在大多数情况下每天只有4个小时的睡眠时间。英国首相玛格丽特·撒切尔夫人具有过人的精力，她是一个靠自己的奋斗获得成功的女士。她很少度假，每天睡眠不超过5个小时。她从低微的下层工作开始，经历了漫长的过程，成为欧洲历史上第一位女首相。

天道酬勤，要想成功，就要培养勤奋的工作习惯。人们一旦养成了一种不畏辛劳、敢于拼搏、锲而不舍、坚持到底的性格，无论从事什么样的工作，都能在激烈的职场竞争中立于不败之地。即使从事最简单的工作也少不了这些最基本的性格。

如果你永远保持勤奋的工作状态，你就会得到他人的称许和赞扬，就会赢得老板的器重。不仅如此，由于你的勤奋会导致自身能力的提高，会赢得更多的发展机会。正如踢足球是在奔跑中寻找破门良机一样，在不懈的努力学习与工作中，我们的人生价值才会升值。我们发现，取得优异成绩的员工，都具有勤奋的性格。

任何人都要经过不懈努力才能有所收获。收获的成果取决于这个人努力的程度，世上机缘巧合的事太少了。有人说"我很聪明"，那么假设果真如此，你就应该为聪明再插上勤奋的翅膀，这样，你就能飞得更高更远；如果你还不够聪明，你就更应该勤奋，因为"勤能补拙"，现实生活中，我们经常能够发现"龟兔赛跑"的故事。最终成功的人，不一定是最聪明的人，但肯定是那些具有勤奋性格的人。在漫长的人生道路上，勤奋比天才更重要。

将性格和工作结合起来

如果一个人做事的方式不当，用他的短处而不是他的长处来工作的话，他永远不会取得成功。一定要根据自身性格的特点去做事。

你的才能就是你的天职。你能做什么？将走什么样的路？这是命运的质问。庸者随波逐流，唯有智者才有资格成为自己的导师和内心的解读者。

"瓦特！我从来没有见过像你这样的孩子！"瓦特的祖母对他说，"多念点儿书，这样你以后才可能有出息。我看你有一个小时一个字也没念了吧！你看看你这些时间都在干什么？把茶壶盖拿走又盖上，盖上又拿走干什么？用茶盘压住蒸汽，还加上碗，忙忙碌碌，浪费时间玩儿这些东西，你不觉得羞耻吗？"

八、性格好，工作就有了主导

幸亏这位老夫人的劝说失败了,全世界的人都从她的失败中获得了巨大的收益。

伽利略年轻的时候曾被送去学医,但当他被迫学习解剖学的时候,心里还想着欧几里德几何学和阿基米德数学,于是,他利用空余时间偷偷地研究复杂的数学问题。在他18岁那年,他就从比萨教堂大钟的摆动中发现了钟摆原理。

英国著名军事将领威灵顿在小的时候,是一个很笨的小孩,知道他的人都认为他是低能儿,连他母亲也是这么看的。在学校里他是最差的学生,别人都说他迟钝、呆笨又懒散,功课没有一门能过得去。他没有什么特长,而且从来没想过要入伍参军。在父母和教师的眼里,他的刻苦和毅力是唯一可取的优点。但是在他46岁那年,他却打败了当时世界上最伟大的军事天才拿破仑,拯救了国家。

在选择职业时,不要考虑什么样的职业挣钱最多,怎样成名最快,应该选择最能发挥你性格的潜能、能让你全力以赴的工作。

那么,该如何选择自己的职业呢?就像鸟儿需要飞翔一样,你的职业就是你飞翔的翅膀,它是你梦开始的地方,能飞多远完全取决于你判断的准确程度。具体说来,你必须在选择前明白自己的性格、气质、能力。在选择职业之前,你需要对自己的气质和性格有一个基本的了解。从而发现自己的长处是什么?自身的优势在哪儿?

每个人面临的主要问题都是了解自己性格的优势、分析自己性格的优势,以及巧妙地发挥自己性格的优势,并将自己性格的优势转化为成功的能量。

每个人的性格都有强项和弱项、缺点和不足,关键在于努力把自己性格的优势发挥到极致,把不足之处的危害降到最小。如果把精力全部花在提高弱项方面,不仅收效甚微,反而会影响到别的方面,成为一个毫无特色的人,自然也就难有建树。记得曾在报上读到过这样一个故事：说一个爱好文学的小青年，锲而不舍地追求写作事业，可是几年过去了，文笔却没有得到丝毫的长进。一气之下，他割指发誓，从今往后，弃笔从商，终于获得成功。

小青年割指弃文的过激做法，是不应该被提倡的，但他迷途知返的举动值得我们学习。这个故事告诉我们这样一个道理：一个人不可能面面俱到，每个人身上都蕴藏着一份特殊的才能，那份才能犹如一位熟睡的巨人，等着我们将它唤醒，这个巨人就是潜能。只要我们能将潜能发挥得当，我们也能成为牛顿，也能成为爱因斯坦，也能成为马克·吐温。

美国作家马克·吐温，是美国批判主义文学的奠基人、世界著名的短篇小说大师。这位大文豪一生写下了许多不朽的作品，如传世小说《镀金时代》、《哈克贝里·芬历险记》。然而，就是这样一位大文豪，也不是一个十全十美的人。他曾经因为不懂经营，在从事商业投资时吃尽了苦头，不仅血本无归，还欠下了很多债务。

历史和现实中的例子告诉我们，只有善于经营自己性格长处的人，才能使自己的人生价值得以增值，由此带来的幸福和满足感是其他事物所不能代替的。

有人说，在人生的所有幸福中，有一种幸福被人们所津津乐道并被人所羡慕，这种幸福并不是大多数人能拥有，只是少数人的特权。大多数人为了生计而四处奔波，干着自己不喜欢的职业，这其实是很无奈的，而真正的幸福就是所从事的工作和自己的爱好相一致，就像易趣网的创始人邵亦波所说："一个人要成功的话，一定要找到自己最想做的事，当然这也是他最能干的事，这样他就能够每天都很有劲儿地去工作，也容易成功……"

易趣网的邵亦波可谓是一个少年得志的人，还在上高中时，他在数学方面的才华就崭露头角，并在高二直接进入了美国哈佛大学学习。在哈佛大学读完 MBA 之后，他谢绝了美国多家咨询公司和金融投资银行的高薪聘请，回上海创办易趣网，任首席执行官。

谈及自己的工作，邵亦波说："回国创业不是我的一时冲动，而是我想了很久才定下来的，最重要的是，感觉自己对这方面感兴趣，愿意在这方面发展。"

做自己最喜欢和最擅长的工作

究竟什么样的生活才是你所孜孜以求的？这个目标不是盲目的、不切实际的，不是人云亦云的。它，是你生命最原始的呼唤。

"做自己喜欢和善于做的事，上帝也会助你走向成功。"这是连续几年成为世界首富的比尔·盖茨说过的一句话，这是不是应该成为今后我们择业的指南呢？

比尔·盖茨是计算机方面的天才，早在他还没有成名的时候，就对计算机十分痴迷，并且是一个典型的工作狂，但这种"工作"完全是出于一种本能的爱好，他的这种爱好在湖滨中学时期就已表现得淋漓尽致。

那时候，为了研究和电脑玩扑克的程序，他简直到了如饥似渴的程度。扑克和计算机消耗了他的大部分时间。像其他所专注的事情一样，盖茨玩扑克很认真，但他第一次玩得糟透了，但他并不气馁，最后终于成了扑克高手，并研发出了这种计算机程序。在那段时间里，只要晚上不玩扑克，盖茨就会出现在哈佛大学的艾肯计算机中心，因为那时使用计算机的人还不多。有时疲惫不堪的他，会趴在电脑桌上酣然入睡。盖茨的同学说，常在清晨发现盖茨在机房里熟睡。盖茨也许不是哈佛大学数学成绩最好的学生，但他在计算机方面的才能却无人可以匹敌。他的导师不仅为他的聪明才智感到惊奇，更为他那旺盛而充沛的精力而赞叹。

在开创事业的初期，除了谈生意、出差，盖茨就是在公司里通宵达旦地工作，常常至深夜。有时，秘书会发现他竟然在办公室的地板上鼾声大作，天才加爱好、再加勤奋，成就了他辉煌而幸福的人生历程。

人和人的性格之间是有差别的，每个人在性格上都有优势和不足，都有擅长和不擅长的东西，关键是要对自己的性格特征有所认识。

你要选择一条正确的航道，就要不断冷静地修正你的航向。只有学会冷静地思索，才能校正你的罗盘，你就会自动地做出反应，使你的目标，你的最高理想处于同一条直线上。所以，当你不断地努力工作时，你应时不时地冷静下来好好想一想，你所努力的方法及方向是不是你生命中最想要的。三百六十行，行行出状元。但其"状元之才"之所以能够浮出水面，为世人称颂，就是因为他选择了适合自己的工作。因此，我们说，人生的成功之本就在于发现自己性格的长处，并不断地将其深化和发展。

生命的意义就在于能做自己想做的事情。如果我们总是被环境逼迫着去做自己不喜欢的事情，而没有机会做自己想做的事情，我们就不可能拥有真正幸福的生活。可以肯定的是，每个人都可以并且有能力做自己想做的事，想做某种事情的愿望本身就说明你具备相应的才能或潜质。

"做自己喜欢做的事"，是一种不为名牵、不受物累、不受孔方兄羁绊、不为尘嚣缠绕的自我选择，是一种至高、至纯、至善、至美的性格，轻松洒脱，自由自在，因而能最大限度地发挥自己性格的创造潜力，并感受到无穷的乐趣。只有从自己性格的特点出发，做自己喜欢做的事，才能增强生命活力，谱写人生的美丽乐章，做最好的自己。